理解未来系列

# 探索人工智能Ⅱ·交叉应用

科学出版社
北京

**图书在版编目(CIP)数据**

探索人工智能Ⅱ·交叉应用/未来论坛编. —北京: 科学出版社, 2018. 8
（理解未来系列）
ISBN 978-7-03-058311-6

Ⅰ.①探…
Ⅱ.①未…
Ⅲ.①人工智能-普及读物
Ⅳ.①TP18-49

中国版本图书馆 CIP 数据核字（2018）第 163014 号

丛 书 名：理解未来系列
书　　名：探索人工智能Ⅱ·交叉应用
编　　者：未来论坛
责任编辑：刘凤娟　孔晓慧
责任校对：郑金红
责任印制：徐晓晨
封面设计：南海波
出版发行：科学出版社
地　　址：北京市东黄城根北街 16 号
网　　址：www.sciencep.com
电子信箱：liufengjuan@mail.sciencep.com
电　　话：010-64033515
印　　刷：北京虎彩文化传播有限公司
版　　次：2018 年 8 月第一版　　印　　次：2020 年 6 月第三次印刷
开　　本：720 × 1000　1/16　　印　　张：7 1/4
插　　页：2 页　　字　　数：92 000
定　　价：49.00 元

# 序一》》

饶　毅

北京大学讲席教授、北京大学理学部主任、未来科学大奖科学委员会委员

我们时常畅想未来，心之所向其实是对未知世界的美好期待。这种心愿几乎人人都有，大家渴望着改变的发生。然而，未来究竟会往何处去？或者说，人类行为正在塑造一个怎样的未来？这却是非常难以回答的问题。

在未来论坛诞生一周年之际，我们仍需面对这样一个多少有些令人不安的问题：未来是可以理解的吗?

过去一年，创新已被我们接受为这个时代最为迫切而正确的发展驱动力，甚至成为这个社会最为时髦的词汇。人们相信，通过各种层面的创新，我们必将抵达心中所畅想的那个美好未来。

那么问题又来了，创新究竟是什么?

尽管创新的本质和边界仍有待进一步厘清，但可以确定的一点是，眼下以及可见的未来，也许没有什么力量，能如科学和技术日新月异的飞速发展这般深刻地影响着人类世界的未来。

可是，如果你具有理性而审慎的科学精神，一定会感到未来难以预计。也正因如此，这给充满好奇心的科学家、满怀冒险精神的创业家带来了前所未有的机遇和挑战。

过去一年，我们的“理解未来”系列讲座，邀请到全世界极富洞察力和前瞻性的科学家、企业家，敢于公开、大胆与公众分享他们对未来的认知、理解和思考。毫无疑问，这是一件极为需要勇气、智慧和情怀的事情。

2015 年，“理解未来”论坛成功举办了 12 期，话题涉及人工智能、大数据、物联网、精准医疗、DNA 信息、宇宙学等多个领域。来自这些领域的顶尖学者，与我们分享了现代科技的最新研究成果和趋势，实现了产、学、研的深入交流与互动。

特别值得强调的是，我们在喧嚣的创新舆论场中，听到了做出原创性发现的科学家独到而清醒的判断。他们带来的知识之光，甚至智慧之光，兑现了我们设立“理解未来”论坛的初衷和愿望。

我们相信，过去一年，“理解未来”论坛所谈及的有趣而有益的前沿科技将给人类带来颠覆性的变化，从而引发更多人对未来的思考。

面向“理解未来”论坛自身的未来，我希望它不仅仅是一个围绕创新进行跨界交流、碰撞出思想火花的平台，更应该是一个探讨颠覆与创新之逻辑的平台。

换言之，我们想要在基础逻辑的普适认知下，获得对未来的方向感，孵化出有价值的新思想，从而真正能够解读未来、理解未来。若要做到这一点，便需要我们勇敢地提出全新的问题。我相信，真正的创新皆源于此。

让我们共同面对挑战、突破自我、迎接有趣的未来。

2015 年

# 序二 >>>

## 人类奇迹来自于科学

丁　洪

中国科学院物理研究所研究员、北京凝聚态物理研究中心首席科学家、
未来科学大奖科学委员会委员

今年春季，我问一位学生：“你为什么要报考我的博士生？”他回答：“在未来论坛上看了您有关外尔费米子的讲座视频，让我产生了浓厚的兴趣。”这让我第一次切身感受到“理解未来”系列科普讲座的影响力。之后我好奇地查询了“理解未来”讲座的数据，得知 2015 年 12 期讲座的视频已被播放超过一千万次！这个惊人的数字让我深切体会到了“理解未来”讲座的受欢迎程度和广泛影响力。

“理解未来”是未来论坛每月举办的免费大型科普讲座，它邀请知名科学家用通俗的语言解读最激动人心的科学进展，旨在传播科学知识，提高大众对科学的认知。讲座每次都能吸引众多各界人士来现场聆听，并由专业摄影团队制作成高品质的视频，让更多的观众能随时随地地观看。

也许有人会好奇：一群企业家和科学家为什么要跨界联合，一起成立“未来论坛”？为什么未来论坛要大投入地举办科普讲座？

这是因为科学是人类发展进步的源泉。我们可以想象这样一个场

景：宇宙中有亿万万个银河系这样的星系，银河系又有亿万万个太阳这样的恒星，相比之下，生活在太阳系中一颗行星上的叫“人类”的生命体就显得多么微不足道。但转念一想，人类却在短短的四百多年中，就从几乎一无所知，到比较清晰地掌握了从几百亿光年（约 $10^{26}$ 米）的宇宙到 $10^{-18}$ 米的夸克这样跨 44 个数量级尺度上（“1”后面带 44 个“0”，即亿亿亿亿亿万！）的基本知识，你又不得不佩服人类的伟大！这个伟大来源于人类发现了“科学”，这就是科学的力量！

这就是我们为什么要成立未来论坛，举办科普讲座，颁发未来科学大奖！我们希望以一种新的方式传播科学知识，培育科学精神。让大众了解科学、尊重科学和崇尚科学。我们希望年轻一代真正意识到“Science is fun，science is cool，science is essential”。

这在当前中国尤为重要。中国几千年的封建社会，对科学不重视、不尊重、不认同，导致近代中国的衰败和落后。直到“五四”时期“赛先生”的呼唤，现代科学才步入中华大地，但其后一百年“赛先生”仍在这片土地上步履艰难。这种迟缓也直接导致当日本有 22 人获得诺贝尔自然科学奖时，中国才迎来首个诺贝尔自然科学奖的难堪局面。

当下的中国，从普通大众到部分科学政策制定者，对“科学”的内涵和精髓理解不够。这才会导致“引力波哥”的笑话和“转基因”争论中的种种谬论，才会产生“纳米”“量子”和“石墨烯”的概念四处滥用。人类社会已经经历了三次产业革命，目前正处于新的产业革命爆发前夜，科学的发展与国家的兴旺息息相关。科学强才能国家强。只有当社会主流和普通大众真正尊重科学和崇尚科学，科学才可能实实在在地发展起来，中华民族才能真正崛起。

这是我们办好科普讲座的最大动力！

现场聆听讲座会感同身受，在网上看精工细作的视频可以不错过任何细节。但为什么还要将这些讲座内容写成文字放在纸上？我今年去现场听过三场报告，但再读一遍整理出的文章，我又有了新收获、新认识。文字的魅力在于它不像语音瞬间即逝，它静静地躺在书中，可以让人慢慢地欣赏和琢磨。重读陈雁北教授的《解密引力波——时空震颤的涟漪》，反复体会“两个距离地球 13 亿光年的黑洞，其信号传播到了地球，信号引发的位移是 $10^{-18}$ 米，信号长度只有 0.2 秒。作为引力波的研究者，我自己看到这个信号时也感觉到非常不可思议”这句话背后的伟大奇迹。又如读到今年未来科学大奖获得者薛其坤教授的“战国辞赋家宋玉的一句话：‘增之一分则太长，减之一分则太短，著粉则太白，施朱则太赤。’量子世界多一个原子嫌多，少一个原子嫌少”，我对他的实验技术能达到原子级精准度而叹为观止。

记得小时候“十万个为什么”丛书非常受欢迎，我也喜欢读，它当时激发了我对科学的兴趣。现在读“理解未来系列”，感觉它是更高层面上的“十万个为什么”，肩负着传播科学、兴国强民的历史重任。想象 20 年后，20 本“理解未来系列”排在你的书架里，它们又何尝不是科学在中国 20 年兴旺发展的见证？

这套“理解未来系列”值得细读，值得收藏。

2016 年

# 序三>>>

**王晓东**

北京生命科学研究所所长、美国国家科学院院士、中国科学院外籍院士、未来科学大奖科学委员会委员

2016年9月，未来科学大奖首次颁出，我有幸身临现场，内心非常激动。看到在座的各界人士，为获奖者的科学成就给我们带来的科技变革而欢呼，彰显了认识科学、尊重科学正在成为我们共同追求的目标。我们整个民族追寻科学的激情，是东方睡狮觉醒的标志。

回望历史，从改革开放初期开始，很多中国学生的梦想都是成为一名科学家，每一个人都有一个科学梦，我在少年时期也和同龄人一样，对科学充满了好奇和探索的冲动，并且我有幸一直坚守在科研工作的第一线。我的经历并非一个人的战斗。幸运的是，未来科学大奖把依然有科学梦想的捐赠人和科学工作者连在一起了，来共同实现我们了解自然、造福人类的科学梦想。

但近二十年来，物质主义、实用主义在中国甚嚣尘上，不经意间，科学似乎陷入了尴尬的境遇——人们不再有兴趣去关注它，科学家也不再被世人推崇。这种现象存在于有着几千年文明史的有深厚崇尚学术文化传统的大国，既荒谬又让人痛心。很多有识之士也有同样的忧虑。我们中华民族秀立于世界的核心竞争力到底是什么？我们伟大复兴的支点又是什么？

文明的基础，政治、艺术、科学等都不可或缺，但科学是目前推

动社会进步最直接、最有力的一种。当今世界不断以前所未有的速度和繁复的形式前行，科学却像是一条通道，理解现实由此而来，而未来就是彼岸。我们人类面临的问题，很多需要科学发展来救赎。2015年未来论坛的创立让我们看到了在中国重振科学精神的契机，随后的“理解未来”系列讲座的持续举办也让我们确信这种传播科学的方式有效且有趣。如果把未来科学大奖的设立看作是一座里程碑，“理解未来”讲座就是那坚定平实、润物无声的道路，正如未来论坛的秘书长武红所预言，起初看是涓涓细流，但终将汇聚成大江大河。从北京到上海，“理解未来”讲座看来颇具燎原之势。

科学界播下的火种，产业界已经把它们变成了火把，当今各种各样的科技创新应用层出不穷，无不与对科学和未来的理解有关。在今年若干期的讲座中，参与的科学家们分享了太多的真知灼见：人工智能的颠覆，生命科学的变革，计算机时代的演化，资本对科技的独到选择，令人炫目的新视野在面前缓缓铺陈。而实际上不管是哪个国家，有多久的历史，都需要注入源源不断的动力，这个动力我想就是科学。希望阅读这丛书对各位读者而言，是一场收获满满的旅程，见微知著，在书中，读者可以看到未来的模样，也可以看到未来的自己。

感谢每一次认真聆听讲座的听众，几十期的讲座办下来，我们看到，科学精神未曾势微，它根植于现代文明的肌理中，人们对它的向往从来不曾更改，需要的只是唤醒和扬弃。探索、参与科学也不只是少数人的事业，更不仅限于科学家群体。

感谢支持未来论坛的所有科学家和理事们，你们身处不同的领域，却同样以科学为机缘融入到了这个平台中，并且做出了卓越的贡献，让我认识到，伟大的时代永远需要富有洞见且能砥砺前行的人。

2017年

# 目　录

# 第一篇

## 智慧城市-人类交通 2.0：从速度时代到数字时代

从马车、火车、汽车、飞机到埃隆马斯克的超回路列车，速度似乎成为人类提高交通效率的唯一方式。近些年信息技术、数据通信传输技术、电子传感技术及计算机技术等的发展，则提供了一种新的路径。人们认为智能交通能够解决日益严重的交通拥堵、交通事故和环境污染等问题。这对占全球人口一半以上的城市人群更具意义。

## 王印海

华盛顿大学（西雅图）教授
美国交通部第十区大学交通研究中心主任
美国土木工程师协会交通与发展分会候任主席

1989 年毕业于清华大学土木工程系，此后相继获得东京大学交通工学博士和华盛顿大学计算机科学硕士。现任华盛顿大学（西雅图）土木与环境工程系终身教授、电气与计算机工程系兼职教授，美国交通部第十区（由西北地区四州构成）大学交通研究中心（PacTrans）主任，IEEE 智慧城市督导委员会委员，美国土木工程师协会（ASCE）交通与发展分会（T&DI）理事，并于 2018 年出任 T&DI 主席。致力于交通检测、车联网、智慧出行、交通数据科学、交通系统仿真与控制及交通安全等方面的研究。主持或参与主持了 80 多个重要科研项目，总金额达 7500 多万美元。首先提出了 e 交通学的理念与方法，为利用海量数据研究交通流及主动式交通控制等理论提供了理论支持。2014 年入选清华大学长江讲座教授。曾获 2003 年度 ASCE 交通工程最佳论文奖和日本土木工程师协会第 51 届年会杰出讲演奖。

# 智慧交通：颠覆性创新时代即将到来

各位朋友早上好！非常感谢大家在星期六的早晨，在一个雾霾天里赶到论坛，来参加我们这个关于智慧交通的研讨。我今天要给大家介绍的是“智慧交通：颠覆性创新时代即将到来”。为什么带来这样一个题目？因为我们这个论坛主要是讲未来，我这个报告也是以未来为主。

首先，我们看一看下面这张图片。大家的感受一定是非常拥堵，在 1999 年的时候，世界人口只有 60 亿，在今年 10 月份，已经达到了 76 亿，到 2050 年的时候，人口将达到 98 亿。这些新增长的 22 亿人口主要会出现在哪里？看世界城乡人口变化图：新增的人口将主要出

现在城市，到2050年的时候，城市人口将达到65亿。

图片来源：
https://nocturnalinexistencia.files.wordpress.com/2013/05/hacinamiento-1.jpg

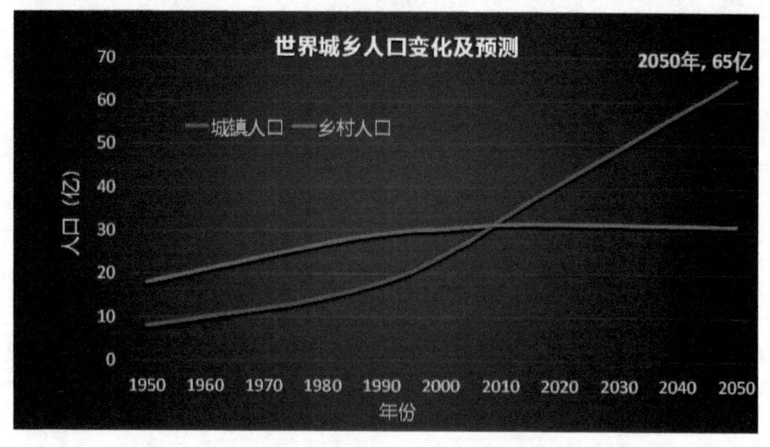


数据来源：https://esa.un.org/unpd/wup/Publications/Files/WUP2014-Highlights.pdf

今天的城市是什么状态？一说到城市大家就会想到大都市的问题，比如雾霾、交通拥堵。如果征求大家的意见，你们可能会说城市里边最大的问题是交通，为什么？因为每个人的出行都会经历这样一个拥堵过程，每个人的旅行时间都会增长，每个人的旅行可靠度都会下降。这样一种状况下，交通问题成为一个大问题。

到目前为止，如果以道路交通作为供需系统来看，现在是什么样的变化状态？

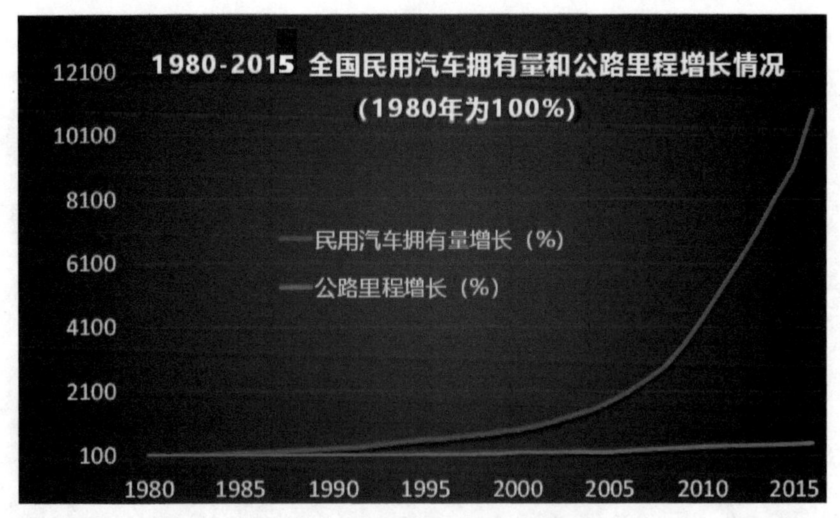


数据来源：2016 中国统计年鉴

1980 到 2015 年，35 年时间里，道路里程增加了 4.75 倍，这是了不起的成就。如果看机动车的拥有量，则增加了 108 倍。在这种情况下，供与求的剪刀差变得越来越大，而且按照目前的趋势，未来差距可能会进一步拉大。

交通带给我们的问题不仅仅是拥堵，还有交通事故，如果拥堵增加了，交通事故率也会上升，而且尾气污染也是很大的问题。能量消耗当中，交通领域消耗掉 70% 的燃油，汽车占交通领域能量消耗的 65% 左右，普通燃油车辆效率很低，只有百分之十几到 25%，也就是 80% 左右的能量是浪费掉的。

空气污染也有很大程度来自于交通，原来很多研究都指出交通对 PM2.5 的贡献度一般是 12%～69%，在中国绝大多数大都市里达到 25%～35%。据国外某独立研究机构统计，光中国在 2013 年死于空气污染引起的相关疾病的人数就达到 100 多万。这个数字拿出来以后，还是很惊人的。交通、能源与环境是当今三大热点问题，三者密切相关。解决好交通问题，对于解决好另外两个热点问题至关重要。

如果要解决城市交通问题，首先要知道交通拥堵的原因是什么，下图看着都很熟悉。

图片来源：https://ak1.picdn.net/shutterstock/videos/29912431/thumb/1.jpg

我们往往发现都市里面道路合流的地方、前面有施工或者其他因素导致某些行车道关闭的地方，总会形成拥堵。这是简单的供求关系所致：如果需求大于供给就会形成排队。但有的时候，在交通供需关系没有明显变化的情况下也会有拥堵现象，这是为什么？下面这个视频截图展示的是日本名古屋大学做的一项实验，22 辆汽车围绕一座环岛均匀分布。实验伊始，汽车匀速行驶没有任何问题。随着实验的进行，驾驶员的行为特性开始导致车头距发生变化：有人刹车，后面的驾驶员也只好跟着刹车，形成刹车向后传递的波带，交通里边叫做冲击波。拥堵便形成了。

我们可以看到，在这个实验里，交通系统的供求关系没有发生任何改变，但是交通拥堵还是发生了。好在这种拥堵只有在交通需求接近道路通行能力时才会发生。如果供给明显大于需求，这个现象不会出现。

视频来源：在 https//www.youtube.com/watch?v=Suugn-p5C1M 的基础上编辑而成

治理交通问题的关键是要避免交通拥堵的发生，因为一旦拥堵发生，会是堵上加堵。为什么这么说？看看下面这张图。

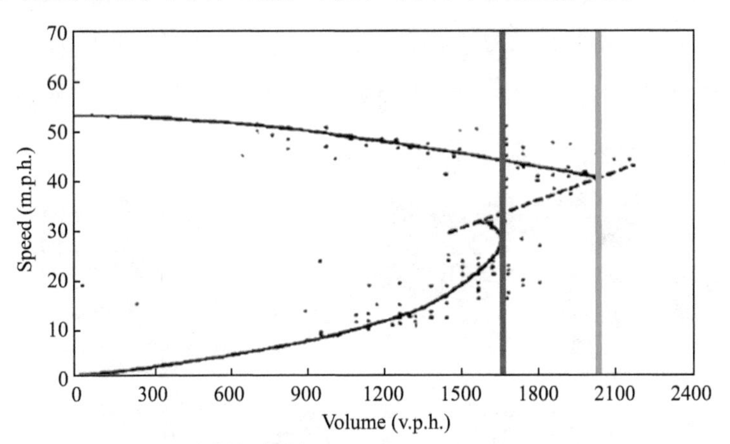


图片来源：Drake et al. 1967

这张图展示的是一条道路的通行能力，在车辆高速行驶的状态下，它的通行能力一般是 2000 多辆车/车道。如果说一旦拥堵形成了，车辆从高速状态下降到低速状态，通行能力随之降低，就是图中红线所展示的。我们会发现道路通行能力通常会降低 5%～25%！早晚高峰往往伴随着拥堵。尽管此时恰恰是我们最需要通行能力的时候，道路通行能力由于拥堵比正常情况下低了 5%～25%。如果我们能够有效地避免车辆从高速转到低速状态，从而避免拥堵，就可以使道路基础设施保持一个最佳运行状态，从而更好地满足交通需求。

因此，交通系统运营的关键是要解决交通的供需关系。现在繁忙时间段里的需求已经大于供给，尤其在北京这样的大都市里。在可以预见的未来，新增的需求也将大于新增的供给。在这种情况下，如何能够使我们的交通系统通过智慧城市和互联网+的手段，以及各种可能的技术达到供需基本平衡？我们需要都市交通的解决方案。大家可能会问，我们有这样的解决方案吗？今天我想告诉大家的是，我们有曙光：创新就是智慧、绿色、平安交通的曙光。

给大家介绍几个我认为具有颠覆性的技术，它们可能会为解决交通问题带来实质性帮助。

第一项技术是无人驾驶技术。比如 Google 的无人驾驶车辆，跑了 300 多万英里，虽然出了几次事故，但绝大多数是别人撞它，只有一次是它撞别人，它比人类驾驶员的安全性高 10 倍以上。随着无人驾驶技术逐步趋向成熟，其对交通安全将产生积极的影响。

图片来源：
https://lintvkoin.files.wordpress.com/2016/05/self-driving-car-google.jpg?w=650

第二项技术叫做车联网技术。就是把车、路、人等所有道路用户都变成一个可以连接的网络元素，大家可以协调互动，使得基础设施的通行能力达到最大化，安全性达到最大化。

图片来源：
https://www.volpe.dot.gov/sites/volpe.dot.gov/files/pictures/Smart_Connected_City_500px.jpg

第三项技术是最近炒得很热的电动汽车。很多人会质疑，电动汽车的能源如果来自于煤，可能也不干净，那么如果来自太阳能呢？其实即便能源来自于煤，也有很多可以商讨的地方，因为还有很多中间环节可以改进电动车的清洁性。

第四项技术也是经常被 IT 界和汽车界所忽视的，就是智慧基础设施。这是一个很好的载体，如果把它利用好了，智慧汽车、自动驾驶车辆等新型出行工具的运营就会取得事半功倍的效果。

图片来源：https://www.2025ad.com/latest/computing-and-autonomous-driving/

第五项技术是众包（Crowdsourcing）技术。美国有一个代表性的应用叫做 Waze。这个应用是一个以色列公司发明的，后来被 Google 以 11 亿美元收购了。每个用户都可以输入一些所见到的交通信息与大家分享。系统通过加工传感器数据与用户提供的数据，形成实时的交通信息供用户使用。这项技术依赖大众采集所需信息，不需要投资数据采集设备，会极大地造福未来交通。

第六项技术是交通大数据技术。交通管理部门通常需要加工采集到的交通数据，定期发布一些报表。这些报表往往需要很多技术人员对数据进行加工和整理，因此要花费很长的时间才能形成报表。针对这一问题，华盛顿大学智能交通实验室（STAR Lab）做了一个叫智驱网（DRIVE Net）的在线数据系统，使原来花几个月才能完成的报表数据整理与计算工作几秒钟就能够完成，而且可靠度比原来还高很多。

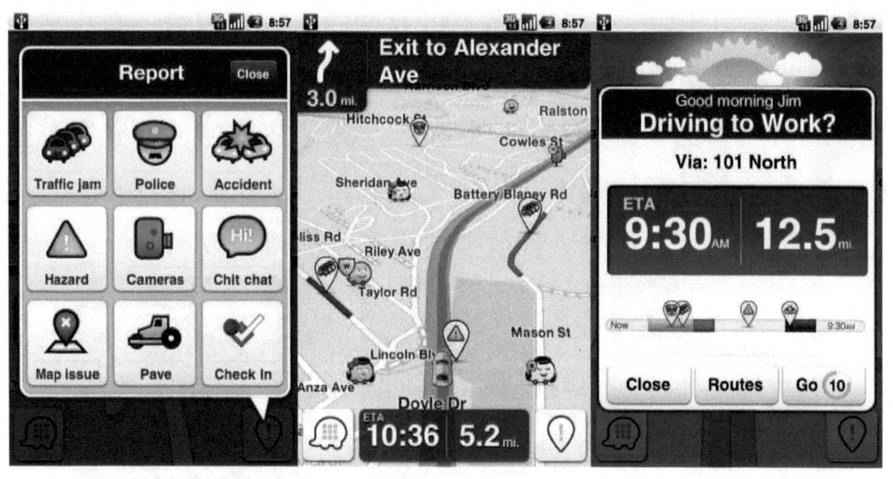


图片来源：
https://scdn.androidcommunity.com/wp-content/uploads/2012/01/waze-3.jpg

第七项技术是共享经济模式。新的技术发展其实给我们带来了新的商业模式，例如，近几年来蓬勃兴起的共享经济模式。Uber 就是一个使用该模式而获得成功的杰出代表。

第八项技术是未来可能会快速发展的“出行即服务”（MaaS）。这项技术在结合了自动驾驶技术、电动车技术和共享经济模式之后，发展会是爆发式的。

这八项技术每个都有自己的优势，如果能组合应用的话，效果会更明显。

这些新技术真的能带来革命吗？以 Uber 为例，看一下它在纽约 Brooklyn（布鲁克林）地区的表现。Uber 和 Lyft 是一个类型，都是网约车公司，从 2014 到 2016 年开始持续增长。下图中绿线和黄线代表的是两个传统出租车公司，载客量在同一时段基本上平行。由此可见，新技术对传统出租车行业产生了很大影响，传统出租车行业正面临着颠覆性的危险。

图片来源：https://i.redd.it/1s8w5uqjkvnx.png

这些新技术正在进行进一步组合。下面这张图片展示的是通用汽车公司即将推出的具有自动驾驶功能的新款电动车，将于近年与 Lyft 公司联手推出几千辆，投入到 Lyft 的网约车服务中去。

图片来源：
https://images.hgmsites.net/med/chevrolet-bolt-ev-self-driving-prototype_100585443_m.jpg

如果结合众包技术和大数据技术，就能够准确知道在某一个时间在某一个地区的交通需求。下图是 Seattle（西雅图）地区，颜色越红，代表这个地方的需求越大。

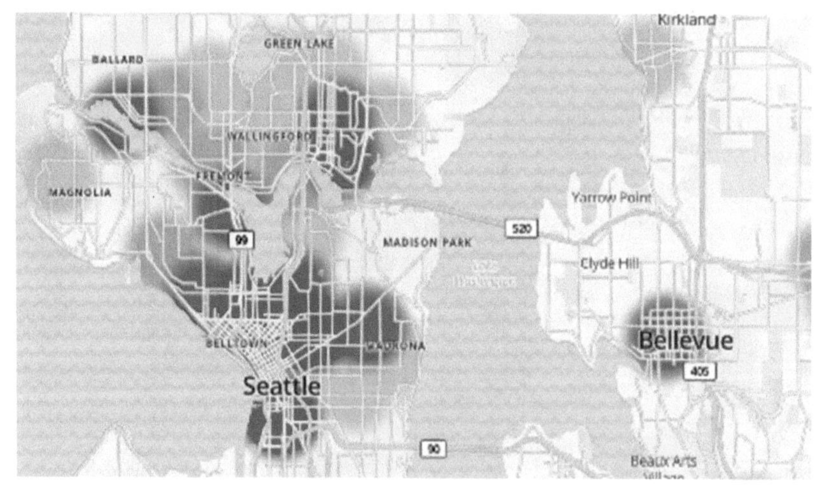


图片来源：http://www.sharersclub.com/heatmap

如果能够知道顾客都在哪里，出租车或者网约车驾驶员就可以直接到需求量大的地方载客，避免无谓的行驶造成道路的额外负担。

为什么我觉得电动车将来会有很大的发展潜力？普通燃油车辆的

发动机有 2000 多个可动零部件，而电动车的发动机总共有 18 个可动的部件。2000 多个部件中的每一个部件都有出故障的可能，而一旦出现故障，就要花钱维护。可以预测普通燃油车辆比电动车的维护费用要高很多。至于电动车的维护到底需要花多少钱，每个人口径不一。很多朋友跟我讲，只需要换轮胎，不需要做别的事情，总而言之，可以肯定的是，电动车的维护费用会低很多。

下面这张图显示的是电动车的成本，用的是 200 英里行驶范围的电动车。2022 年的时候，它的价格将低于普通的经济型燃油车辆。那个时候是大家选择燃油车辆和电动车的一个逆转时间点，更多人会选电动车。

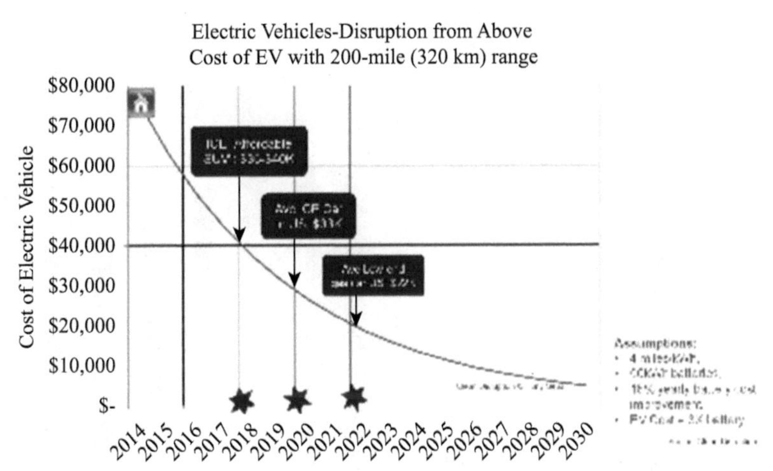


图片来源：Tony Seba. 2014. Clean distruption of energy and transportation. Clean Planet Ventures

是不是应该拥有一辆汽车？中国汽车拥有量过去 30 年当中增长很快，108 倍。如果你有一辆车，最大可能是 96% 的时间停在某个地方。例如，我开车去华盛顿大学上班，20 分钟开到华盛顿大学，然后车停在那里直到下班。研究发现，一辆车通常只有 4% 的时间在运行，剩下的时间都是处于停车状态。即便在这 4% 的运行时间里，其实 3% 在使用，0.5% 在堵车，0.5% 在找停车位。停车也不便宜，我的车现在停在西雅图机场，一天要付 30 美元。因此，我们是不是可以考虑租一辆汽车或者在需要的时候找车提供服务？这个概念现在比较流行，叫做交通即服务（TaaS），或者出行即服务（MaaS）。如果我们选择使用出行即服务，而不是自己拥有汽车，我们的驾驶成本只有每英里 10 美分左右，如果我们仍然选择靠自己拥有的汽车出行，未来可能是每英里 50 美分甚至 60 美分的单位成本。可见，出行即服务要便宜很多，交通出行的未来是采用出行即服务。

由于这种模式的改变，将来我们汽车的拥有数量可能会产生很大变化。下图中橘黄色显示的是参加出行即服务的汽车数量。出行即服务将造成个人拥有汽车数量的下降，如图中黑色所示。可以看到，未来的汽车拥有数量会有极大的降低。

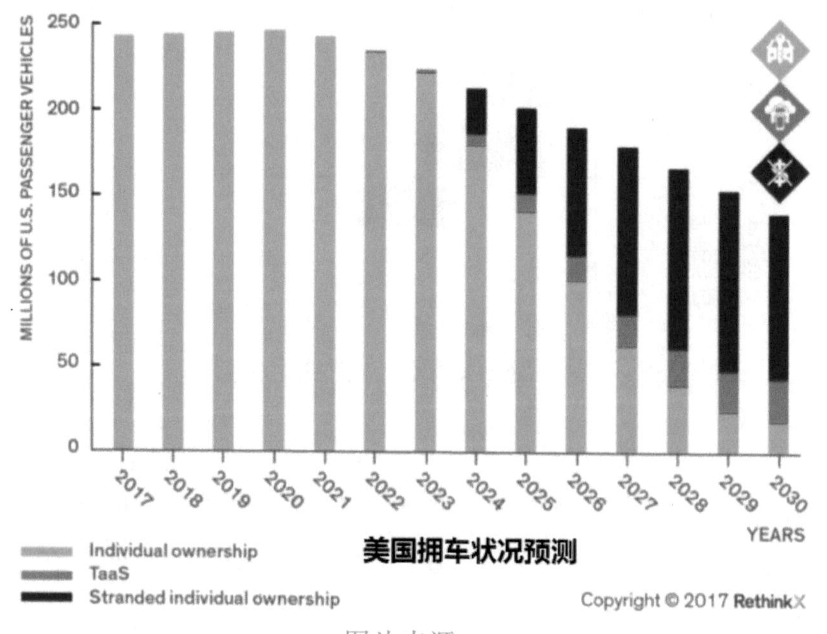


图片来源：
https://static1.squarespace.com/static/585c3439be65942f022bbf9b/t/591a2e4be6f2e1c13df930c5/1494888038959/RethinkX+Report_051517.pdf

我们再从道路系统的角度看看如何降低拥堵。当今道路通行能力不高，在普通的道路通行情况下，车流的平均车头时距是 1.5～2 秒。

这相当于每条行车道每小时可以通过 1800～2400 辆车。

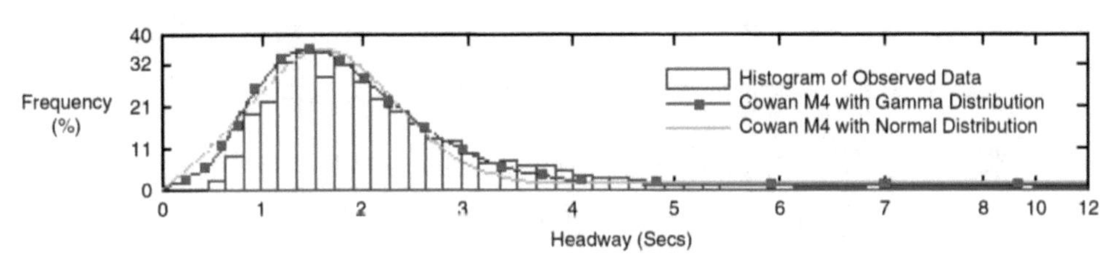


图片来源：Zhang, et al. 2007. Examining headway distribution models with urban freeway loop event data. Transportation Research Record

上述技术是否可以用来进一步加大道路通行能力？答案是肯定的。如果把车联网、自动驾驶和智慧基础设施技术融合，形成自己的车辆集群，道路通行能力会有巨大的提升。人类驾驶员平均反应时间约 0.6 秒。道路设计采用 2.5 秒的人类反应时间。然而，自动驾驶不需要人类那么长的反应时间。假定网联自动驾驶车队以 0.5 秒的车头时距行进，每条行车道的通行能力就可以上升到 7200 辆车每小时！西雅图最堵的一段，三条车道的总需求也只有 7500 辆。如果现在把这条合乘行车道变成自动驾驶车道，承载 7200 辆车，剩下那两条车道每条承载 1200 辆车，这里就会出现供大于求的状况，拥堵就会降低，甚至消失。

颠覆性技术的组合会进一步产生非常大的颠覆性影响力，全面挑战传统行业。面临挑战的工作主要有：①燃油汽车及其配件生产行业。更多的人喜欢用电动车、清洁能源，对传统燃油汽车的需求可能会消失。②汽车维修。电动车零件很少，几乎不需要维修，现有的维修站可能面临倒闭。③汽车保险。自动驾驶比人类驾驶安全 10 倍以上，汽车保险模式也要改变，或者没有现在这么大的保险需求。④燃油生产、汽车加油站。由于燃油车辆占比逐步降低，对汽油的需求会越来越小。⑤伤者治疗及康复。没有那么多交通事故，受伤者数量降低，对伤者治疗及康复设施的需求也会显著降低。⑥停车场管理。20%自动驾驶车辆可以替代现在所有汽车来满足人们的出行需要。这些车辆不停地运营，不需要现在这么多停车场。仅仅在洛杉矶一个市，腾出来的面积就可以装下三个旧金山市。⑦交通执法和事故索赔。没有酒驾、事故索赔，也就不再需要律师做相关工作。交通的管理模式会与现在大不相同。

将来的这些变化也会提供很多研究机遇，例如，网络安全、车联网、身份判别及信用追踪等。我们能不能在想开车时就有车开？见到想开的车就可以开着走？基础设施如何设计？如何通过交通大数据分析找到交通改进的方向？如何应用道路系统的感知、通信及控制技术来实现我们根据道路的实际需求情况，调整车道的分配及出行即服务的资源调配？另外，车可能更像是一个大办公室，这个大办公室里需要很多软件、硬件，比如说新能源车配套设施、传感、快速充电以及储能技术等。

1957 年人们憧憬的未来交通已经有了自动驾驶汽车的想法，这是我们即将看到的未来，我们的未来是智慧、绿色和平安交通。谢谢大家！

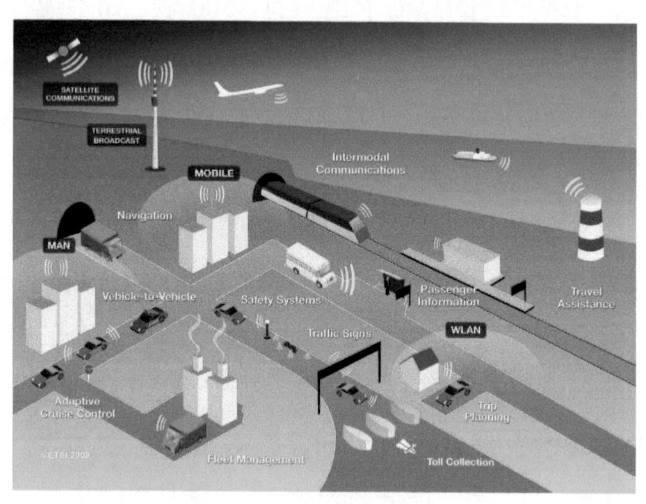


图片来源：https://swling.com/blog/wp-content/uploads/2013/01/ETSI-ITS.jpg

王印海

2017 未来科学大奖颁奖典礼暨未来论坛年会 · 研讨会 1

2017 年 10 月 28 日

## 李开复

创新工场董事长兼首席执行官
未来论坛理事

李开复博士于 2009 年创立创新工场，担任首席执行官，专注于科技创新型的投资理念与最前沿的技术趋势。目前创新工场已经投资 300 个项目，管理总额 110 亿人民币的双币基金。2016 年秋季创办创新工场人工智能工程院，致力于利用最前沿的 AI 技术为企业提供人工智能产品与解决方案。

在此之前，李开复博士曾是 Google 全球副总裁兼大中华区总裁，担任微软全球副总裁期间开创了微软亚洲研究院，并曾服务于苹果、SGI 等知名科技企业。

李开复在美国哥伦比亚大学取得计算机科学学士学位，以最高荣誉毕业于卡耐基梅隆大学，获得博士学位。同时，李开复获得香港城市大学、卡耐基梅隆大学荣誉博士学位。李开复获选为美国电机电子工程师学会（IEEE）的院士，并被《时代》杂志评选为全球 100 大最具影响力人物之一。李开复博士获得过十项美国专利，发表逾百篇专业期刊或会议论文，并出版过七本中文畅销书。

# 人工智能时代的智慧交通

谢谢大家！今天非常有幸作为未来论坛的“老年理事”，跟大家分享一下对智能交通的看法，智能交通未来最大的阻碍是什么？就是我们人类。我的演讲会谈到未来自动化会带来什么机会。人工智能在全世界是最重要的技术，当然也会应用在智能交通，我们认为人工智能的来临会有4波浪潮，经过互联网大量数据，让互联网网站APP变得更聪明，把很多商业多年留存的数据激活产生商业价值，把真实实体世界里很多过去非数字化的现象数字化，数据上传网络，做人工智能，以及全自动智能化，例如无人驾驶方面的技术，慢慢人类就不会阻碍未来的人工智能和智慧交通的发展。

在交通问题上，可以看到今天出门有各方面的问题，从拥堵到事故、安全、疲劳驾驶等，比如人流、交通流，包括北京市长也没有办法知道，到底有多少车在运行，什么时候、什么地方可能会有拥堵，

需要怎么调节，因为没有信息流的存在，所以要把信息流创造出来。从如果不改变今天的基础设施能提供什么信息流，发展到未来修改基础设施得到更高级、更完整的信息流。我们特别期望使用无人驾驶催化未来交通行业的进步，这也是创新工场投资的非常重要的领域之一，我们有七八个公司在这个领域。

从宏观角度来说，AI 本身需要数据驱动。科学家很重要，海量的数据更重要，所以一定要有数据。Google 也好，百度也好，都是自带数据、流量。银行、保险公司可以把已存的数据拿出来用。很多场景没有数据，今天一辆车开在什么地方，明天会出现在哪里，这一类新场景，包括智能交通，需要提取新数据，这个特别关键。怎么提取新数据？肯定要布置更多的传感器，可以是已有的设备，比如说手机、汽车，也可以是一些新设备，比如做一个增强路况的设备。整个传统行业经过传感器控制而被颠覆。零售（如无人商店）、仓储、物流、教育、医疗、农业等，都会带来传感器的普及，带来 AI 的驱动浪潮和巨大的变化。随着传感器越来越普及，因为这个需求，有很多基础的事情被改变，比如并行计算，也叫平行计算，变得越来越重要。怎么

存储比今天数据量再大 100 万倍的数据？今天在淘宝上做一次点击产生非常小的数据量，记录每天每一辆车每两秒钟走到什么地方会产生大量的数据，这带来大数据需求以及传感器普及，传感器一普及就会降价，会带来非常良性的循环。

下面我讲几个公司的案例。今天物联网真的产生了，很多人讲物联网讲了很多年，其实经过第 3 波热潮才真的产生。今天物联网最好的例子就是我们投资的摩拜单车。每一天每一辆摩拜单车，让手机跟它结合在一起，每一次用摩拜单车的时候，你的寻找、开锁、结费都是数据。上车以后，每一辆摩拜单车都有 GPS、蓝牙、热探测器，不断地把行车信息传递到网络上，摩拜单车网络进行调度。这样的系统有多大？非常惊人，摩拜单车第一次见中国移动的时候，中国移动问要多少 SIM 卡，一台车需要一个卡，当说出 700 万的时候，中国移动几乎不能相信。摩拜单车占到今天中国移动 1% 的量，会产生多少数据？每一天四五千万次的物联网互动，全部捕捉下来，而且速度越来越快，这样的情况也出现在美团、饿了么，配送员在路上跑着的时候，都在上传数据，我们还可以举出更多的例子。

仅一台摩拜单车，从第一次被使用，一直到今天，一年多的时间内行驶了 1180 次，捕捉到了这台单车被 1000 个用户不断使用的状况，每两秒钟上传一次信息。交通设施很难修改，但是滴滴、摩拜单车不断地在上传这一类数据。

王坚博士在阿里巴巴做过演示，如果我们能够挑选一个城市，不只是做滴滴、摩拜单车的应用，有没有可能在城市里面去做布置，做一件简单的事情，比如让红绿灯做得更好。当我知道一大批人正往某个方向走的时候，就在这个方向放行。或者当一辆救护车开过来的时候，让它先走。红绿灯的时间按车辆的流量来变化。只要做两件事情：用很多摄像头看有多少车子开向哪个方向，由实际情况决定红绿灯的切换及切换频率。在拥挤的时段，就能让平均的交通时间效率提升 15%，救护车到达现场的时间缩短 50%，这是一个未来城市大脑和智能交通的非常简单的雏形，对此我们可以有很大的期待。

滴滴数据量更大。一辆摩拜单车本身就是一个智能传感器和一个数据搜集器，它上传的主要是传感数据。滴滴更多的是靠司机的手机上传各种数据，这和未来的交通调度都有很大的关系。不能一一解释，举一个例子，滴滴不但可以告诉你今天哪些车会在哪里，还可以告诉你 30 分钟或者 1 小时以后，哪里有车，哪里需要车，当它派一辆滴滴车接送某人的时候，它知道某人要去什么地方，所以它可以预测这个车多久开到那个地方，以及未来车会在哪里，它也知道有些人每天早上七点起床，七点半叫车上班，也可以预测未上线的人什么时候需要车，滴滴一个公司就可以做很多预测，未来可以达到 TAS 的时候，可以对整个交通状况做更精确的判断，整个交通会更有效率。

当然我们收集的数据不限于上传每一个人在什么地方，最近通过深度学习最大的突破是在计算机视觉方面，下面这张图是 Face++旷视科技的几个真实的部署案例。

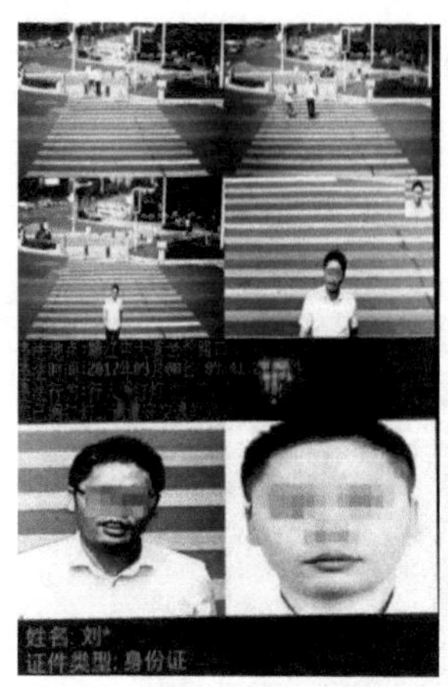


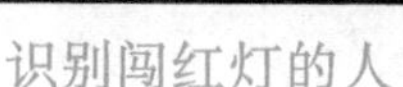
识别闯红灯的人

对实物的识别

识别人的姿势
并预测下一步动作

左边第一个案例在智能交通方面，可以识别谁在闯红灯，甚至进行脸部捕捉，直接把罚单寄到他家里，这是真实应用。第二个应用，可以看到，其实我们抓一个路景，随时可以知道有没有行人，这个行人可能在过街或是做别的事情，每一辆车是真的车还是广告上画的一辆车，经过计算机视觉可以识别出来，有了这些功能，智慧交通可以做得更好。右边看到的人体骨骼用处很大，两个人如果插着手站在人行道这边在聊天，突然进入人行横道的概率很低，或者两个人如果是另外的姿势可能就会进入人行横道，行驶的车根据这样的数据可以推测行人想要做什么而采取相应的行动。现在已有的道路情况通过传感器捕捉并上传数据，可以增强交通能力，让交通一步一步进步。但是人是智慧交通最大的阻碍，最后人还是会被取代。人会有情绪，没睡够觉，心情不好，会走神，或者反应不够快，会犯错，其实交通事故大部分的原因是人。当无人驾驶能够做得很好的时候，驾驶的人被取代了，不但增加了安全度，而且让整个交通更有预测性。所以我们认为自动驾驶是未来 15 到 20 年人类最大的一个催化器，因为现在其实资本也好、汽车公司也好，已经接受了这一天必然来临的现实，虽然还有很多问题没有完全被解决，但是当资本的力量、行业的力量加上顶尖人才投向无人驾驶领域，我们相信所有的问题都会被解决。

AI 会进入每一台汽车让它变成真正的自动驾驶，另外可以看到的就是，里面的技术会反向影响到各个领域，比如机器人。很多人现在就想做机器人，其实机器人和无人驾驶需要的技术相似，不如等无人驾驶的时代到来了，再把这些技术放进机器人。这件事情导致未来巨大的操作系统可能就是无人驾驶带来的，像安卓、Windows 操作系统一样，未来也许就是无人驾驶的时代。无人驾驶时代到来的时候，人上了车，跟车捆绑，当两辆车走同一个方向时，可以合并到一起去，不但产生更少的能源消耗，还带来更大的效率、更大的方便，当他们分开的时候，各自往不同的道路走。这一个时代的来临，将给整个出行带来很大的改变。

无人驾驶到底什么时候到来？创新工场的看法是无人驾驶必须一步到位，没有所谓的人机协同驾驶。这句话怎么说？我以前工作的公司 Google 做过一个实验，当无人驾驶做得差不多可以自己驾驶的时候，让 20 多个员工把无人驾驶车带回家去，不是真的无人驾驶，而是需要有人坐在那里督导它，当有危险的时候，手要放在方向盘附近、脚放在刹车附近，一方面是要拯救生命，另一方面也可以教 AI 系统学得更好。20 多个人回家了，Google 在每辆车里放了摄像头，看看能够了解到什么。回来一放，Google 吓坏了，20 多个人中超过一半都到后座去了，有些喝咖啡、看手机，Google 警觉地发现，人其实是不可以被信任的。任何足够伟大的技术都会像魔术一样，当一个凡人进入其中看它魔术般开起来的时候，虽然有瑕疵，也会认为很好了，就坐到后座了，这样其实会带来交通事故，是非常危险的。所以无人驾驶一定要一步到位，实验阶段做一些辅助、提醒，直到完全可以无人驾驶了。当车可以自己开的时候，终于有一天，人不会被欢迎再继续开车了，像今天不能骑着一匹马跑到高速公路上一样。再就是成本，如果 Uber 使用了无人驾驶，它的成本会更低。

人工智能到底怎么才能够实现自动驾驶？其实非常核心的就是大量的数据，数据比算法模型更重要。人工智能技术越做越好，与其用不同的算法，不如给更多的数据，提升数据质量，可以让人工智能做得更好。要真正做到的话，必须在场景方面有所限制，在不同的场景开，要有不同的限制。比如机场、景区，从驭势科技的演示可以看到，不是繁杂的公众道路，是慢速的，所以很多危险问题可以得到避免。另外，自动停车充电的案例，在广州的白云机场，驭势科技已经推出了这样一个应用，在慢速、可控、少数的道路，这样的技术是可以达到要求的。刚才说搜集大量的数据，就可以用简单的、没有安全问题的、慢速的场景，把收集的数据进行迭代。

无人驾驶在北京的道路上没有人开得好，有长尾现象，无法预测小孩是否会跳出来，还有胡同堵车的问题。高速公路上已经开得比人好了。第一次在美国用无人驾驶的技术，运了一车的啤酒，从一个大城市到另外一个大城市。我们投资的飞步科技也在寻找这种技术。货车其实是非常好的无人驾驶的应用场景，因为里面没有乘客，大部分在高速公路上飞奔，可以收集数据，还没有危险。高速公路比较可控，可以用跟随的方法，第一辆卡车，也许有人监督，后面全是无人驾驶，后面的车只要跟着前面的车就可以处理好了。其实这可以成为展现地方政府执行力的很好案例，某两个大城市之间把无人驾驶做好，未来无人驾驶的驾驶水平、安全度将会远远超过人类。

整个交通部署方面有很多可以做的事情，比如共享方式，物联网汽车可以彼此提醒，比如爆胎了，让周围的车小心一点。或者未来交通也可以部署，有些特殊的道路是给无人驾驶开的，未来整个路权可能也会受到调整，比如有潮汐道路，上班的时候，大部分往城中开车，下班开回郊区更多。十条道路会随着人的需求得到路权，给更需要的120、110、119更高的路权，让更需要的人群可以得到帮助。

基础设施是非常重要的，包括高精地图，车联网的普及，人行道和车的隔离，无人车道分流，在新的城市专门为无人驾驶汽车优化十字路口和道路。很多国内建设的新的城市和地区，比如雄安新区，就可以做出来。美国的城市相对比较难，很大的阻碍就是人的固化思想。

有一个故事，当汽车刚开始使用的时候，有一个法律出来，因为有很多马车，汽车上路的时候，必须有一个人在汽车前面走路，拿着红旗，免得骑马的人被吓到。

另外，一辆无人驾驶车如果撞了人，总要做一个抉择，是不是机器人杀人？怎么样解决道德问题？这些问题是值得探讨的，但是我们一定需要一个非常有效的法律，需要让科技先行，需要相信大量的数据迭代，一定会通过人工智能带来未来更好的无人驾驶，带来智能交通的时代。谢谢大家！

李开复

2017未来科学大奖颁奖典礼暨未来论坛年会·研讨会1

2017年10月28日

## |对话主持人|

**余　凯**　地平线信息技术公司创始人兼首席执行官、未来论坛青年理事

## |对话嘉宾|

**杜江凌**　通用汽车中国科学研究院院长

**李开复**　创新工场董事长兼首席执行官、未来论坛理事

**沈　晖**　威马汽车创始人、董事长兼首席执行官

**王印海**　华盛顿大学（西雅图）教授、美国交通部第十区大学交通研究中心主任、美国土木工程师协会交通与发展分会候任主席

**余　凯**：下面邀请四位嘉宾——王印海、李开复、杜江凌、沈晖。刚才王教授跟李开复老师的演讲非常精彩，侧重的角度有所不同，但是都给我们展现了一个无限精彩的人类交通的未来，通过我们的物联网、自动驾驶技术、新能源，以及政府的交通、法规、基础设施的建设，我们的未来出行能够更加便捷。

下面先请刚才没有上台的两位嘉宾杜院长跟沈总介绍一下自己吧。

**杜江凌**：大家好，我是通用汽车中国科学研究院院长杜江凌。

**沈　晖**：大家好，我叫沈晖，威马汽车的创始人。

**余　凯**：杜院长跟沈总是汽车行业的老兵，希望今天在论坛里有一些观点碰撞。首先谈谈新能源汽车，最近在整个行业非常热，尤其是在中国，目前中国实际上已然不知不觉地成为新能源汽车的第一大国，我们的整个政府对新能源汽车的推动力量在全球范围内可以说是最强的，但是我记得在几年前，当时在百度负责自动驾驶项目的时候，其实跟传统汽车行业有不少交流，比如宝马，他们对于这个看法持保守意见，今天争论依然在，既然是争议，是趋近于共识，还是有不同的看法？每位嘉宾都可以分享一下自己的观点。

**王印海：**其实人类对交通的需求是显而易见的，我们需要交通，需要什么样的交通？需要一个清洁、高效、安全的交通，如果从这几点考虑出发，我觉得传统的燃油汽车显然有弊端，从能量转化来讲有一个瓶颈，转化率为 25%~30%，如果是 20% 的转化率，80% 的能量要被浪费掉，在世界能源资源有限的情况下，我觉得发展可替代或者清洁能源汽车是有它的历史意义和必要性的。

从过去这些年电动汽车成本的变化情况来看，我本人比较看好电动汽车，它的成本在曲线下降，现在是高端车辆跟普通的燃油车辆的价格差不多，但性能、安全性好一些，将来维护成本也要低一些。托尼赛巴写了一本书，大家可以看一下，对整个汽车能源领域产生的颠覆性科技做了阐述，他预测 2022 年的时候，电动车的成本将低于经济适用车辆以及比较低端的车，那个时候大家的选择也更容易了。

**沈　晖：**这个争论还是有的，我觉得有争论好，因为如果传统汽车也一心一意搞电动车，我们就没有办法混了，希望他们争论多一点，慢慢多考虑几年。因为我是从传统汽车出来的，我知道整个传统汽车公司的决策流程，不管跨国企业还是自主品牌，他们有一部分还在考虑当中，有一些是口头讲讲，但是心里没有转型，可以理解，作为船老大很难调头，越成功的车厂越难转型。传统的动力总成本的投入，在老汽车公司绝对是重中之重，发动机变速箱是汽车公司的心脏，包括欧洲一些汽车公司都是做发动机出身的。我本人也是做发动机变速箱出身的，我们是挺着腰杆的，如果是做其他的系统，就会低着头。这是我们的强项，从思路上、知识产权上、能力上、供应链程度上被废掉，不大容易。

很多朋友说，今年的法兰克福车展，德国巨头在展电动汽车，他们说狼来了，我说不是的，所有的巨头都是说什么电动平台，我们认为电动汽车是完全不同的东西，不管从设计上、操控的体验上、后面的服务模式上，跟传统汽车是有巨大差异的，如果只是一个传统的汽车平台做一个对应的电动平台，我认为我们就有希望了，他们还是没有讲清楚，电动汽车是不一样的东西。

**余　凯：**因为您的背景，以前在沃尔沃，现在是在新能源汽车，这个发展会不会导致一个产业的平衡被打破，甚至是重构，比如说传统的车厂跟新的玩家站在同一个起跑线上去竞争。还有一个我很关心的，德国的传统汽车产业特别强大，中国相对落后，是不是这个平衡也会被打破？

**沈　晖：**这就是一个机会，因为我们强调的还是电气化、智能化、自动化，智能化强调人机交互方面的体验，自动化是无人驾驶，中国是传统汽车的大国，不是强国，正因为这样的原因，我们走电气化、智能化、自动化道路更加坚决，包袱更轻。整个中国在互联网这一块走在世界前列，应用方面正好在自动化跟智能化方面有巨大的基础技术储备，在车内的应用推动更快，正是因为我们是后发，所以我认为在这一波新的汽车的互联网化跟电动化过程当中，更容易走到前面去。

**余　凯：**中国有机会在这一波技术浪潮里面成为汽车产业的世界强国？

**沈　晖：**我们公司的名字来历就是这样的，我们公司名字在德语里就是世界冠军的意思，德国在传统汽车领域毫无疑问是世界冠军，智能汽车、电动汽车的世界冠军肯定是中国。将来再来一波，德国人可能起中文名字“世界冠军”，但是这一波要让德国人听懂了，我们是世界冠军。

**余　凯：**李开复老师，可能我们两个背景有点像，从信息产业、互联网产业闯进汽车产业，有一个词叫做“野蛮人”，显然我们是文明人，信息技术跟汽车产业碰撞，跟新能源车紧密联系在一起，您怎么样来看新能源车电气化、电动化新兴产业的未来？

**李开复：**大家考虑到新能源的问题，总会想到两件事情：一个就是更便宜，在它的应用方面，产生的代价和维护成本是更低的；另外一个就是制造成本什么时候能够降下来。还有电池的一些问题。如果先抛开这两个问题思考一下传统和创新公司的竞争，从信息产业来说，有一个词叫做“创新者的窘境”，传统产业越成功的时候，接受一个新技术反而更困难，因为要把过去的包袱和成功都放下。为什么柯达在数字时代来了时放不下过去？新兴产业更有机会，并不是传统产业搞不懂、技术落后，而是他们可能放不下过去的包袱。

对信息产业来说，一切都是用户需求导向，不用认为做四个乘客标准的公民车是唯一目标，其实新能源汽车可以在多个领域产生价值。现在中国已经是世界最大的电动机车市场。今天我们的一个重要需求就是订餐，订餐一定要用电动机车送来，这样成本可以降到最低，这样一个应用让电动机车的使用和销售率非常高，我们投资了一个公司叫做点我达，是给饿了么这些公司做配送，在中国配送成本6元一单，必须要让电动机车跑起来。这一类需求还会继续产生，会让新能源技术和机会普及有多个不同切入点，并不是一定要靠特斯拉用豪华汽车这个模式来做。

每一个新的物品来临时一定要重新思考它的整个架构和设计，比如摩拜单车跟ofo单车差别很大，摩拜单车轮胎不用打气，没有链子，这些都是最容易坏的地方，手机的SIM卡非常容易植入。为新的需求设计产品的时候，不能用固化的思维进行思考。例如，当年设计第一辆汽车的时候，靠缰绳，没有方向盘。所以我们要用跳跃思维，未来无人驾驶、新能源车和共享三个方面会带来新的需求、新的设计，不要用固化的思维想这个事情。

**余　凯：**杜院长现在还在传统的汽车企业，并且是巨头，对于新能源车，怎么看这个进程？是不是有时间表？最终在哪一年全部实现新能源汽车？

**杜江凌：**首先回答最开始的问题，现在对于做不做新能源汽车已经没有疑问了，不存在还有谁在等，或者观望。中国政府在一个月之前颁布了双积分政策，要求传统汽车的油耗必须要降到一定的水平，这是一个很低的数值，同时，2019 年新能源车需要占汽车整体产量的 10%，2020 年达到 12%，这已经吹响了新能源汽车发展的号角。早几年一些企业可能占点先机，但现在这种优势很小了，像通用汽车这样的传统车厂会全力以赴，把过去所有的经验，配合新的能力，投入到新能源车的研发和生产之上。在今后几年，通用汽车会推出非常多的新能源车型。

此外，我对王老师的说法也有不同看法。王老师刚刚提到一个文献，上面讲到 2022 年新能源汽车的价格会和传统汽车一样，这是大大乐观了。根据我们从实际情况对新能源产品的分析来看，新能源汽车还是偏贵，主要原因是电池的成本偏高。今天借未来论坛这个机会，我想倡导在座很多年轻人，电池领域绝对是一个值得去努力学习、研究、出成果的地方。电池这个东西非常有意思，原因是什么呢？它是一个多维最优化问题。一个电池做得好，首先电池能量密度要高，这样车充一次电才能跑得远。同时希望可以实现快充，充电时间最好跟加一次油一样，5 到 10 分钟能够完成 80%的充电量。这两件事情本质上是矛盾的、相互制约的。如果频繁进行快充，会造成电池的锂离子在负极上不断地沉积并形成枝晶，造成容量衰减及安全隐患，从而导致电池寿命大大降低。电池寿命又是电池研究的第三个维度，我们希望电池循环起码 2000 次以上，才能保证我们的汽车能够长时间使用。尤其是以后到了 TaaS、MaaS 共享情况下，白天黑夜，车不停地跑，不断地要充电，电池循环次数很重要。再就是安全，三元锂材料和磷酸铁锂材料存在材料安全特性的差异，但最终决定安全性的，是整个动力电池系统。多元的功能都能达到的电池非常难做，希望有志在这个领域发展的同学们，创造出新的有诺贝尔奖价值的研究成果。

**余　凯**：未来如果新能源车大行其道的话，电池问题会不会导致环境污染问题？这个问题有多大呢？

**杜江凌：**这牵扯到另外一个问题，电池必须放在整个生命周期来管理和研究。电池首先被应用到汽车上，再阶梯利用。比如，中国有一个宽带无线公司的基站用的蓄电池都是铅酸电池，他们发现如果电动车的电池退役之后，作为基站的蓄电池非常合适，大小、能量密度、寿命等方面都很符合要求。中国有千千万万个基站，不管是在高原还是其他地方，都需要这样的蓄电池。这有可能是汽车电池阶梯利用的一个很好的去处。这和美国说的不太一样，应用的前景更广了，是一个 B2B 的应用。美国一般是作为家用及小型商用，在停电时提供备用电能，或弥补太阳能、风能或其他可再生能源发电中的缺口。再往下一定要做二次利用，如何把锂电池的锂提取出来，把金属提取出来，在材料或者极片的层次上进行再处理，循环利用。在中国，已经有创业公司在做这个技术，所以这需要进行通盘考虑。

**沈　晖：**首先我要强调，传统能源公司做电动汽车是从零开始的，我认为做的不是同样的东西，开复老师刚才讲的是对的，这是一个完全新的东西，只有新东西才能突破，我们最近做车，喜欢对标，我们搞了两辆通用刚上市的车，在研发中心拆了，又派几个人到美国去拆了一辆。我不评论销量，但是我认为这两个不是同样的东西，不是一个目标客户群。讲到电池，我跟杜院长相反，我认为王教授保守了，中国现在创业搞电池晚了，在中国，电池甚至有点产能过剩，我觉得产能过剩是好事情，很多事情中国人要么不做，一做就一哄而上，成本直接下降，全世界最好、最便宜。电池行业就是处于巅峰状态，我们内部供应商定的有三家，但是后面十几家在排队，我们天天测，我很有信心，2020 年前后，同样标准的电池，成本上比发动机降得快，因为现在太多人在做了，有一点儿比较新的创意，就是二次利用，这个目前很多企业刚开始做，因为对于法规要求，在美国、中国、欧盟，汽车公司必须负责电池的回收，不然不让你上公告。因为电池车卖了，不管了，后面产生二次污染怎么办？我比较乐观，很多企业在做梯次利用，包括特斯拉，股价上涨这么快，很多人认为汽车公司估值不公平。其实它是能源公司，二次利用到极致，每个家庭储能都在用，这个市场远远大于汽车。二次利用是金矿，很多人在做，污染问题不用担心，做得又好，成本又低，市场又很大。

**余　凯：**第一个问题关于新能源汽车，嘉宾的观点碰撞很激烈。下一个问题关于自动驾驶，我们看到两派意见：一派以开复老师为代表的Google，包括典型的互联网公司，还有互联网背景的创业公司做自动驾驶，都是相信应该跳过中间人机共同控制的环节一步到位，直奔自动驾驶；相对来讲，传统的车厂一般采用渐进式的发展策略，现在主流是辅助驾驶，到2019年、2020年，很多车厂将推出半自动驾驶，自动驾驶可能要到2025年，很多人有不同的看法。

**杜江凌：**首先挑战一下主持人刚才的提问，传统车厂不是只做渐进式，渐进是主业，所以肯定在做，但同时也跟创新公司一样，在做四级自动驾驶。通用汽车已经在美国加州的旧金山、密歇根州的底特律以及亚利桑那州的斯科茨代尔，开始了大规模自动驾驶汽车公共道路测试，目前有180辆自动驾驶测试车在路上跑。之前，有一个很重要的问题让传统汽车行业和互联网公司纠结了好几年，就是传统车厂的研发模式是一步一步进行的，而互联网公司采取的是快速迭代的方式，这两种方式如何结合在一起？最近通用汽车发现了这样一个创新方法，把汽车的硬件彻底固化，可以从产线上直接下来，这既符合安全要求，又符合功能需求，再把自动驾驶相关的软件装上去。这样车辆可以一边在城市道路上跑，又能实现快速迭代，功力见长非常迅速。从明年开始，通用汽车将在纽约做大规模的道路测试。所以说，传统车厂是在两个方面同时发力。

接下来说一下开复老师讲的传统车厂的对于安全性的考虑这个问题。Google或者特斯拉发现不能相信开车的人，所以特斯拉在说明书上加了一条，要求开车的人，手一定要放在方向盘上，意思是出了事故需要人来负责，L4 就是这样要求的。我们刚刚在美国推出的 L2 超级巡航技术，已经不需要驾驶员把手放在方向盘上，这是全世界第一个解放驾驶员双手的辅助驾驶技术。超级巡航不是无人驾驶，它仅仅在高速路上开，不能变道，还没有到达 L3，但如何避免驾驶员偷偷跑到后座上呢？通用汽车引入了驾驶员注意力保持系统，它一直监视着驾驶员的眼睛，哪怕戴眼镜或者墨镜都能探测到驾驶员的视线移动，一旦发现驾驶员不看前方，就会发出振动加以提醒。如果驾驶员一直不采取措施，则会慢慢停止车辆，打开双闪，还会通过安吉星来呼叫救护。整个集成方式，圆满地解放了双手，又保证了驾驶的安全。

**李开复：**我做一个在场所有人都会不同意的预测，首先讲一下观点，我们看创新、看技术等，可以说 Google 最先进，几位嘉宾他们走不同的道路，各自有不同的技术优势。什么样的公司才有背水一战的精神，还有商业模式的必然性，让未来的真正的无人驾驶能够发生？如果我们都相信 L4 和 L5 是最后的目标的话，这辆车为什么要有方向盘？虽然杜院长讲的已经很先进了，肯定有方向盘和刹车，沈总和杜院长讲的车还是要卖给一个人，为什么不是一个服务？从这个观点跳出来，如果真的觉得对于无人驾驶，人是无用的，人机协同不可能，人有情绪化，带来未来的车的危险，无论未来几年以后，真正厉害的无人车哪个公司最先造出来？首先不考虑公司技术，大概有三种公司在做这样的事情，算是四种公司。第一种、第二种合并在一起，因为都是造车的。这些公司有很大的挑战，还是在思考，我的车是要卖给一个人，这个人想做司机，他需要一个功能，要辅助他，要识别人脸，摸不摸方向盘，爬不爬到后座，总之还是假设车卖给人。

第二种是纯高科技公司，比如 Google、百度，一切都是跳跃性的，做软件、操作系统型的，卖给车厂，这两个公司有很大的挑战，没有必然性把这个事情做好，他们都能挣很多钱，股票也涨。车做好了很好，做不好拉倒，他们没有这么大的动力把这个事情推动起来。因为不存在做不好无人车这两个公司会活不下去，达不到上市 1000 亿元的估值。Google、百度可能会采取比较松懈的态度，这是他们的挑战。

第三种公司不能忽视，他们真正背水一战，做不好完蛋，做得好成为最伟大的公司，就是 Uber 和滴滴，最符合 L4、L5 需求，做一个真正无人的车，必须把司机的成本降下去，才能达到盈利，要不然每单都是赔的。Uber 每一辆车得到 1 元钱收入，要花 1.6 元的成本，所以赔钱。1.6 元的成本有 1.2 元来自司机，只有 4 毛来自乘客，司机在就会亏，越做越亏，司机不在，就会赚。这两个公司有超级大的经济动力，推动他们一定要把真正的无人车做好，虽然今天这两个公司并不是世界第一，但是有商业的必然性和强大的要求，做好了，有巨大的利益诱惑，做坏了，必然灭亡。这就导致这两个公司或者类似的公司可能反而成为 L4、L5 的真正推动者。

**余　凯**：出行即服务，并不是买卖关系。

**沈　晖**：其实开复老师对我们公司不了解。我们为了用户效率造产品，将来评估的不是每一年生产多少辆车，我们针对共享化，意味着路上车的数量越来越少，我没有亏，刚刚起步，路上少一两百万辆车，没有什么问题。传统车少一两百万辆就活不下去，我们的车要共享化、电动化、智能化、自动化，共享化就是要提高效率。我们来讲两个现象，2C 端，用户愿意订我们的车，更多地 C2M，就是让他订他需要的功能。还有一个巨大浪费，就是正常人买车，花的钱很多，但很多功能是没用的。

我们可以不拥有自己的车，只拥有一辆车的使用权，这比拥有权更重要，这是另外一个效率，对于我们公司来说，生存非常重要，自动化、共享化是我们的命脉，跟传统汽车还是有一点不一样。

**杜江凌**：沈总也不太了解传统公司，开复是两个都不了解。沈总属于了解他们自己，对我们还是不了解。其实我觉得这个时代真的是大家都一样。通用汽车提出了共享化方向，我们认为未来个人出行会朝着电气化、共享化、智能化、互联化发展。

**王印海**：杜院长说开复老师不太了解两个公司，刚才主持人的问题是，自动驾驶有两个不同的路径，其实主要是用户，你们没有说用户到底通过什么路径到达目标，这不是你们决定的。自动驾驶的车，比如 L4 的车，老百姓买不买，是一个问题，会不会物尽其用，也是一个问题。自动挡车出来以后，说手动挡车会被淘汰，也没有被淘汰；电子媒体出来，说报纸没有用了，其实报纸依然存在。有一个调查，是不同国家对于自动驾驶车辆的接受程度，中国和巴西接受程度都是很高的，巴西是 90% 以上，日本和美国很低。将来到底是哪一条路？怎么走？堵的时间长了以后，期待自动驾驶，这是一个因素。但是关键的一点，如果不能够一步到位，或者买了完全自动的车以后，不能够发挥百分之百的作用。肯定要考虑如何在这个过程当中满足用户的需求，用户做一个选择和裁定。自动驾驶车辆和普通车辆并存是必然的，而且并存时间一定不会短。

**沈　晖**：开复认为自动驾驶车不是卖给用户，是天生为共享出行而生的。

**王印海**：无论是出行即服务，还是交通即服务，仅仅是车性能发生改变，服务对象没有变。

**李开复**：不是一步到位，大家都不买车了，这是肯定的。我很了解你们两个公司，技术都很厉害，你们没有了解我的观点，我的观点是，再厉害的公司，当董事会面临传统的产业收入 1000 亿元，新的产业收入 1 亿元的局面时，传统的真的会被砍掉吗？支持新的吗？历史上没有发生过。

**沈　晖**：我认为杜院长没有听懂开复老师讲的核心，谁是背水一战，就像我们天天想着生存，什么时候能像通用一年卖 1000 万辆，希望不大，或者按照这个方向走，我生存不下去。我是要生存的，生存的话肯定不一样，这时候才能有真的突破、创新。

**杜江凌：**在通用汽车，大家对现在整个发展形势非常了解，出行即服务，未来车的销量可能会逐步变少。Google 提出了一套整体解决方案，百度也在做，如果再找到一个富士康这样可以做代工的企业，说不定一下子就把所有车厂甩在一边。这些传统的车厂都非常清楚，一直在探索未来的生存之道，寻找出路。所以，大家都一样，都在同一个起跑线上，那就全力做吧。

**余　凯：**这段讨论非常精彩，让我想起一个故事，非洲的大草原上，夕阳西下的时候，无论狮子还是羚羊都在休息。狮子休息的时候想的是明天早上太阳升起的时候，一定要抓住跑得慢的那只羚羊；羚羊想的是，当太阳升起的时候，我一定要奔跑，不被狮子抓住。实际上，我觉得面对创新，面对无限的这种可能，我们看到像通用汽车这样的“大象”也在跳舞，我们看到新兴的互联网思想从头到尾武装的公司想着怎么颠覆这些“大象”，这个世界就很精彩了。毫无疑问，未来的共享化的出行、自动驾驶的汽车以及新能源使得我们的环境更环保、出行的效率更高、生活更美好，在座的各位嘉宾充分竞争，享受收益。谢谢大家！

余凯、杜江凌、李开复、沈晖、王印海

2017 未来科学大奖颁奖典礼暨未来论坛年会·研讨会 1

2017 年 10 月 29 日

# 第二篇

## 脑科学与人工智能

上课的时候，你是否发现自己经常走神？开会的时候，你是否发现自己竟然漏听了关键部分？开车的时候，你是否发现自己甚至注意不到前方的红灯或者行人？怎样集中注意力，这是我们一生面临的难题。一种基于机器学习和高性能计算的全新的脑成像技术让我们获得了从前做梦都不敢想的技术，引发了一场我们对大脑思维探索的革命，让我们以前所未有的深度理解大脑处理信息的方式。

## 张益肇 | 微软亚洲研究院副院长

毕业于麻省理工学院，获电气工程和计算机科学学士、硕士和博士学位。1999 年 7 月加盟微软亚洲研究院，从事语音方面的研究工作。现任微软亚洲研究院副院长，负责技术战略部。履任微软亚洲研究院新职位之前，任微软亚洲工程院副院长，是 2003 年工程院的创建者之一。在工程院，带领团队开发 Windows Mobile 和 Windows 的产品，并建立起一支多学科技术产品孵化的团队。在加入工程院之前，曾担任研究院语音组主任研究员和高校关系总监，团队成功地把汉语普通话语音识别引擎转化到了中文版 Office 和 Windows 中。曾是 Nuance Communications 公司研究部的创始人之一，该公司是电信领域自然语言界面研究的先驱。在 Nuance 工作期间，曾从事自信度分析、声学建模、语音检测等领域的研究工作。领导研究人员开发了 Nuance 产品的日文版本，这是世界上第一个开放式日语语音识别系统。曾在麻省理工学院的林肯实验室开发出新的语音识别算法，在东芝 ULSI 研究中心发明了一种新的电路优化技术，在通用电气公司的研发中心开展了模式识别方面的研究。在国际著名的杂志和学术会议上发表了多篇关于语音技术和机器学习方面的论文，是多项专利的拥有者。

# 通过人工智能来探索大脑

大家好，很高兴来到这里见到了许多老朋友还有新朋友，并听到了各位专家的精彩分享，感谢未来论坛给我这个机会。今天我想与大家交流的内容是“怎样利用人工智能帮助我们更好地了解大脑”。

在进入主题之前先和大家分享一个预测，相信在座很多年轻人，特别是 20 岁以下的年轻人听到后都会非常振奋。2009 年，英国著名医学杂志《柳叶刀》( *The Lancet* ) 刊登的一篇文章中论断，如果医学技术能够保持过去 100 多年的发展速度向前推进，那么在 2000 年前后出生的孩子应该有一半以上寿命会超过 100 岁。推算一下，假设 30 岁结婚的话，有 70 年的婚姻；如果 65 岁退休，还有 35 年去游山玩水。

是不是非常令人期待？但其实这篇文章的题目是《人口老龄化：未来的挑战》(*Aging populations: the challenges ahead*)，也就是说，若要真正实现预言中所描绘的未来，挑战还有很多。

回到今天的主题，我们常说生命不只在于长度，也在于宽度，也就是说要有质量。如果活到 100 岁，但到 70、80、90 岁的时候脑子已经不是很清楚，比如患了阿尔茨海默病的话，不但对个人及家庭来讲非常辛苦，对社会而言也都会带来很高的成本。在美国，维持一个阿尔茨海默病患者的生命，每年需要 10 万美元的费用。因此，无论是从社会维度，还是个人角度，如果既能够活得久又能保持健康，才是一个非常美好的事情。

现在，人工智能非常热，2016 年美国白宫还出了一本白皮书，谈人工智能对未来社会有怎样的影响。但今天谈到人工智能这个题目，我首先要表达的是，人工智能是一门极富挑战的学科，这个话很多研究人工智能的学者都讲过。事实上，媒体讲的人工智能跟我们研究的人工智能不见得是一回事。为什么这样说呢？比如说之前大家觉得人机对弈，机器若战胜人类不可思议，需要很高的智能。但十几年前计算机在国际象棋对弈中获胜，如今又在围棋上取得几乎完胜的战绩，我们看到其实计算机也只不过是按照人类设定的算法，发挥计算力，通过机器学习而成，基本上并不是真的人工智能。人工智能离不开数据、算法和计算力，同时还关乎对语言、艺术、历史、经济、伦理、哲学、生物学、心理学和人类学等的深入研究与理解。如要实现真正服务人类，人工智能就应该是科学、技术、工程学、数学，以及社会科学、人文科学等跨学科、跨领域的共同课题。

在这里再给大家介绍一本书，《思考，快与慢》(*Thinking, Fast and Slow*)，作者是普林斯顿大学教授 Daniel Kahneman，我非常推荐这本书。Daniel Kahneman 教授获得了诺贝尔经济学奖，但他却是从事心理学研究的。人的思维有几种模式，这本书讲到快思慢想。举个例子（如下图），大家看到一张猫的图片就可以不加思索地说出这是猫，这就是一种快思，快速的反应。而另一幅图是一张剧照，可能就要想得久一点，这是喜剧还是悲剧？大部分人可能因为剧照中的演员金·凯瑞（Jim Carrey）推断是喜剧，但事实上这却是他出演的为数不多的并非喜剧的作品，叫做《二十三》（*Number 23*）。像这种就是要综合很多不同的信息，首先认出这个人，接下来根据他出演了很多喜剧作品来推测。

再比如当初微软以超过 200 亿美元收购 LinkedIn。这就不是一个通过快思能够做的决定。

因此，我们认为人工智能对于这种快思，是很容易做到的，而且现在人工智能真的可以做得不错。但是对于类似要不要收购一个企业这样的决定，以人工智能目前的水平来看还差得很远。

那么，现在人工智能到底发展到什么程度了呢？以计算机视觉为例。在 ImageNet 计算机图像识别挑战赛中，我们看到计算机从最早的百分之二十几的错误率，一直到现在已经降低到 3.5%，比人类 5.1% 的错误率还低。这是怎么做到的呢？2012 年，多伦多大学的 Geoffry Hinton 教授和他的学生参加了那一年的 ImageNet ILSVRC 挑战赛，并以绝对优势获胜，被认为是深度学习热潮的开启。那个时候是 8 层神经网络；2014 年牛津大学做到 19 层；2015 年微软亚洲研究院北京的团队做到了 152 层，你可以想到这里边有很多的参数。所以要训练这么一个神经网络是非常复杂的过程。比如下面这张图可以准确地分析出图中的各种物体，有人、蛋糕等。

另外，还可以分析视频。例如这个视频（截图），可以识别出有一只狗在草地上跑。下图是个书房，有书桌，等等。

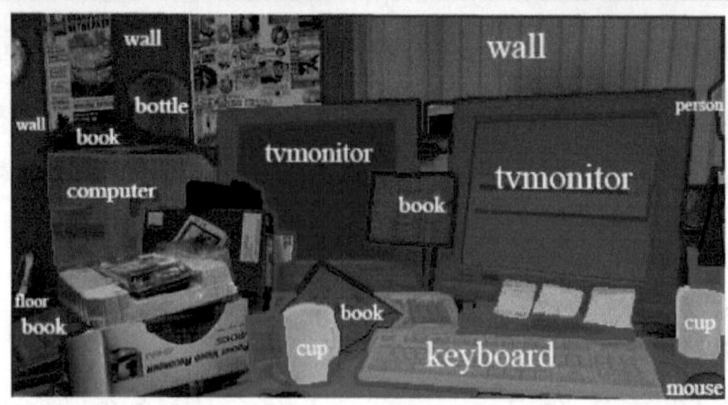


图片来源：Pascal VOC Challenges, http://host.robots.ox.ac.uk/pascal/VOC/

今天为什么讲这个呢？人工智能、计算机视觉技术对大脑的研究有很大的帮助。2014 年我们做了一个工作，就是大脑肿瘤病理切片分析。基本的概念就是假如说有人长了肿瘤，通常的认定标准是要等病理切片出来后，通过显微镜看是哪一种情况的肿瘤，再确定治疗方案。这里需要考虑两个方面：一是两种不同的肿瘤要区分开，二是需要在数字病理切片上把肿瘤的区域标注出来。所以你可以看到这需要专业的知识，而且要很长时间。因为数字病理切片非常大，可以大到 5 万×5 万像素。刚才讲到的计算机视觉研究常用的数据库 ImageNet 中的图片基本上是 300 × 500 像素。

那么人工智能为什么对大脑研究有帮助呢？我们换了一个做法，就是利用 ImageNet 的数据库训练出来的基础神经网络，像人的视觉神经一样，作为基础特征提取的工具或者能力，把这些能力组合起来，之后拿新的病理图片训练。相对来讲，我们可以在比较少的病理图片的情况下，就可以区分两种不同的肿瘤，这个叫迁移学习。我们看到，在做人工智能研究的时候，虽然认狗、认猫这种题目比较有趣，但为我们后续更深入的研究做了必要的准备和积累。最右边这张图是金标准，就是人标出来的，比较来看，系统标出来的已经与之非常接近了。简而言之，就是用机器学习的能力把过去已经划分标注过的肿瘤影像作为训练案例，然后制定模型。当有了一个新患者的病理图片时，就

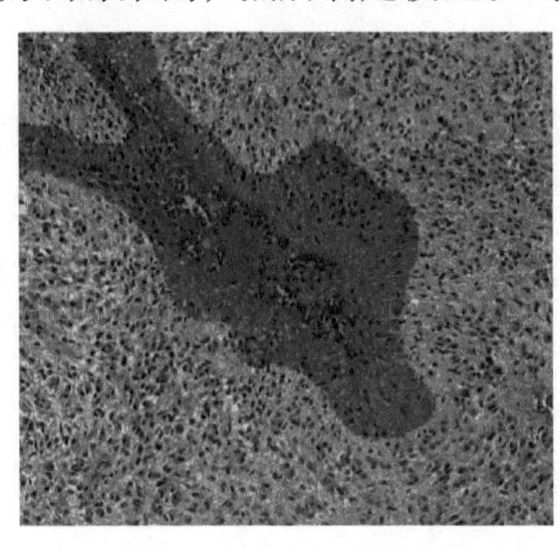

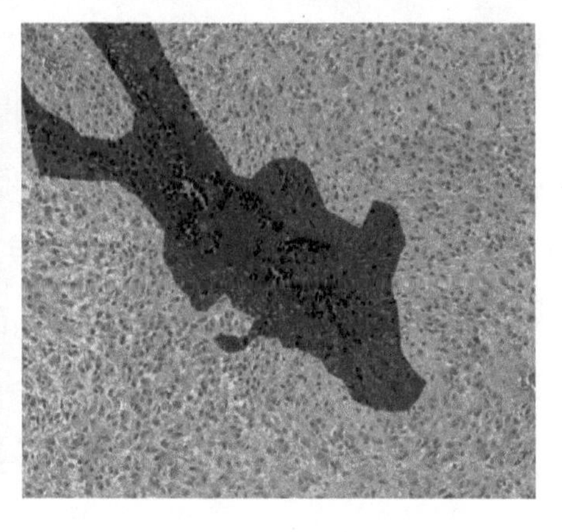

可以输入这个系统，并将肿瘤的位置找出来。这个图片还可以是立体的，对制定治疗方案非常有帮助。

这个很好理解，比如采用放射线治疗，肯定是要将射线准确地打到肿瘤，并且尽可能不要误伤到周围不是肿瘤的细胞，所以首先要在MRI（核磁共振）图片上把肿瘤准确地划分并标注出来，计算机会自动去算放射性的剂量怎么打。因此肿瘤边界画准确就非常重要。

这是在治疗方面可以做的一些事情，接下来谈谈在研究方面可以做的事情。大脑科学研究领域有非常多的数据。微软联合创始人 Paul Allen 建立的艾伦大脑图谱（Allen Brain Atlas）就收集了很多的数据，包括动物的还有人类的。这么大的数据量如今不仅要存在云上，而且还需要非常好的工具来帮助研究，比如人工智能。

美国有一个 Human Connectome Project（人类连接体项目），就是要了解大脑里搜集的大量数据。比如，一个科学家想要研究某一种特征怎么样去找，如果是靠人工标注的话，不但需要大量人力而且也要花费很长的时间，但我们可以用机器帮我们标。这个概念本身已不新，2003 年美国的一位教授就已经写文章说人工智能和人脑成像（Human Brain Imaging）之间的关系了。现在进展很多，2017 年 *Nature Method* 的一篇文章报道，他们已经用神经网络做电子显微镜的数据，本来需要数年的人工劳动才有办法去标的组织，现在他们用计算机自动标，这样的话可以做很多分析。

此外，我们觉得人工智能还可以帮助解决三个挑战：一是自闭症，二是忧郁症，三是阿尔茨海默病。微软全球执行副总裁沈向洋博士在 2017 年初参加未来论坛年会的时候，也提到人工智能未来如果能帮助解决这些挑战会产生很大的影响。在这方面我举一些例子，看我们可以做一些什么样的工作。

第一是自闭症，也是今年的文章，在婴幼儿还不会讲话的时期，如 6 个月、10 个月、18 个月的阶段，可以利用计算机视觉对大脑扫描图片进行分析，发现婴幼儿今后患有自闭症的概率。一般情况是如果家里已经有患自闭症的孩童，那么对于新生儿的及早诊断预测、及早治疗是非常必要的。如果你们有兴趣的话，可以去查这篇文章——*Artificial intelligence detects early signs of autism in infants*。

另外，微软的 Kinect 设备就是利用计算机视觉的能力，了解一个人的动作，通过人机交互来帮助自闭症患儿。

除了计算机视觉，另外一个很大的人工智能领域就是自然语言理解，这个是计算机科学家很早的一个梦想。1964 年麻省理工学院做了一个早期的自然语言处理系统 ELIZA。ELIZA 那个时候就开始帮助学生进行心理治疗。比如一个人问 ELIZA：我可以说说我的问题吗？ELIZA 回答：当然。它可以建议学生改善睡眠或和朋友交流。事实上，50 多年前计算机就可以做这样的事情了。

```
ELIZA > (PLEASE TYPE IN ALL CAPS) WHAT'S YOUR NAME DEAR ?
AMIT
ELIZA > HI, I'M ELIZA. WHAT DO YOU WANT TO TALK ABOUT ?
AMIT > CAN I TALK ABOUT MY PROBLEM ?
ELIZA > SURE... !
AMIT > DUE TO ON GOING EXAMS IN COLLEGE, I HAVE A LOT OF STRESS.
ELIZA > PLEASE RELAX A LITTLE. SLEEP WELL.
AMIT > THANKS FOR YOUR ADVICE.
ELIZA > NO MENTION.
AMIT > BYE
ELIZA > BYE AND KEEP IN TOUCH...
```

第二是忧郁症，这其实在整个世界范围都是一个不能忽视的问题，之前大家应该也听到过很多案例。那么，现在有很多新技术投入到这一领域，在美国有通过人脸识别分析情绪，来判断是否有忧郁症的可能。另外，也可以利用自然语言理解的方式，分析研究对象的语言，如用词、讲话的腔调等，来判断情绪的变化。

美国一家叫 Ginger.io 的公司，就是通过网络在不同的情况下提供不同阶段的专家来辅助你。这是两天前才出来的一个新闻，在 Facebook 上面有一个机器人叫 Woebot，这是斯坦福大学的一个教授做出来的东西，就是每个人每天去跟它聊天，它可以给你一些建议，就是你该去走走还是多运动，这样会对你的精神状态产生帮助。

最后一个是阿尔茨海默病。正如最开始讲到的，阿尔茨海默病已经成为一个非常严峻的问题。不但对个人，而且对社会而言都会带来很高的代价。有这样一组数据，在美国，阿尔茨海默病已经成为第六大死亡原因。仅 2015 年，阿尔茨海默病患者看护小时就超过 180 亿小时。2016 年一年的治疗投入为 2360 亿美元。当然，也有很多企业采取不同科技手段希望能够改善这一现状。例如，有些新创公司采用数字影像的方法做预测，有些是用 APP 互动几次，来帮助详细分析，或者是一些纸上的测验等方法。还有，最近在《科学美国人》(*Scientific American*) 上发表的一篇文章，用 MRI 的方法帮助诊断是阿尔茨海默病还是其他两种失智的病症。

另外，我要特别介绍的是美国约翰·霍普金斯大学的一位教授，他也是我的朋友。他所做的研究之一是利用 MRI 预测阿尔茨海默病。他也在着手研究孩童的 MRI 数据，尽管目前数据量还非常有限，但希望能够通过越早发现实现更加及时的治疗。在这里我想分享的原因就是去年在香港中文大学的活动上遇到他，他讲了一句话，我还牢记在心，相信大家也都会受益。他们的研究发现，日常运动不仅对心脏、血管有好处，而且对延缓阿尔茨海默病也是很有帮助的。哪怕今天我讲的内容都不记得了，你只要记住这一条就好。所以，大家要多做运动，不仅对个人有好处，对社会也是有积极意义的。

做个总结：第一，大脑的研究现在肯定进入了一个大数据阶段，不管在云上面还是在各个研究单位、数据库里面，都是太字节（TB）

级的；第二，人工智能可以作为辅助工具帮助科学家做研究。同时，人工智能可以帮助解决一些不管是自闭症、忧郁症或者是阿尔茨海默病的情况。今天时间有限，没有办法做更深入的探讨。但我相信，就是过去做的深度学习、神经网络，根据脑神经科学家的研究，我们做一些假设，做人工智能的时候来做一些模型、做一些学习。未来是不是有可能人工智能做的一些工作可以帮助脑神经科学家、研究者。

再次感谢未来论坛提供的机会，也谢谢大家。

张益肇

理解未来第 28 期

2017 年 6 月 10 日

## |对话主持人|

**毕彦超** 北京师范大学认知神经科学与学习国家重点实验室、长江学者特聘教授、未来论坛青年理事

## |对话嘉宾|

**方　方** 北京大学心理与认知科学学院院长

**李　凯** 普林斯顿大学 Paul & Marcia Wythes 讲席教授、美国国家工程院院士、中国工程院外籍院士、未来科学大奖科学委员会委员

**张益肇** 微软亚洲研究院副院长

**毕彦超：** 很高兴要开始我们这个部分。我是来自北京师范大学的毕彦超，下面非常高兴地邀请我们的客人，有请他们到舞台上来。

我们非常高兴有这个机会，大概不到一个小时的时间，可以更深层次，也可以更自由地交流一些问题，而且会有额外的15分钟作为提问时间。我个人来自北京师范大学，做脑科学研究。时间不多，这又是一个关于人工智能非常大的话题，我们有很多问题。我们希望有一点时间可以对应之前的主题演讲。首先请其他两位嘉宾简单介绍他们自己和他们的工作，先请李凯老师。

**李　凯：** 首先谢谢邀请我来，我是1981年从中国去美国读书的，我去耶鲁大学读的博士。1986年我去普林斯顿大学计算机系做教授，一直在那儿工作到现在。我的工作主要是跟计算机系统有关，我最开始做科研的那个阶段，主要是做跟分布和并行系统有关的。后来我就转向对数据感兴趣了，开始跟各个领域的人合作，比如说跟李飞飞合作做知识库 ImageNet，跟普林斯顿大学脑神经科学的同事合作做实时系统，我还跟宾夕法尼亚大学医学院数据科学组合作。最近在这些方面合作比较多。

**毕彦超：** 下面是北京大学的方方老师。

**方　方：** 大家好，很高兴第二次来参加未来论坛，每一次我都是来当一个配角，给大家捧捧场，我是1992年进入北京大学心理学系学心理学，随后在北京大学信息科学技术学院下面的智能科学系读硕士，后来去明尼苏达大学读博士，2007年回到北京大学，我的工作重心是人类的视觉、意识，用行为学和人脑成像的方法去研究心理、智能、情感过程当中的神经机制。另外我对怎么样用脑电刺激和磁刺激的方法去调节改变人脑的功能也非常感兴趣，最近我还对群体学习感兴趣，即在一个群体中，个体的大脑是如何被改变而进行学习的。

**毕彦超：** 非常感谢两位老师的介绍。回到一些大家比较关心的主题，可不可以从分析的角度，从你们自己的专业角度，交流一下现在有什么核心的特别好的机会？有什么特别令人兴奋的事情？当前最难和最重要的问题是什么？

**方　方**：我刚才在想，脑科学和智能科学这两个领域之间的鸿沟依然比较大。中国脑科学计划在讨论的时候，大家都会想，脑科学到底告诉智能科学什么东西？我觉得这一方面必须得“责怪”做智能科学的人，因为他们动作太快，神经科学和脑科学任何一个原理一旦提出来就被做智能科学的人很快地利用了，他们发扬了一种工程师的精神。神经科学面临另外一个问题，即对机理的探索无止境。比如在面孔识别的问题上，最近 *Cell* 上发表的 Doris Tsao 和 Le Chang 的一篇文章，研究对面孔的表达是一个整体的表达还是在 50 个不同特征维度上的表达，这个问题在过去的 50 年中反反复复，争论不休。与此同时，技术人员在掌握原理后迅速地往前推进人脸智能识别技术。

另外一个问题关于智能，我们的大脑可能是最佳的，也不一定是最佳的，如果我们把智能定义为问题解决的话，我们有多种形式去解决这个问题，但大脑只是一种参考，并不一定是我们的终极目标。

**毕彦超**：两位有什么回复？

**李　凯**：我觉得大脑科学是很有意思的一个领域，是很有挑战的领域。我们实际上是用大脑弄清楚自己的大脑是怎么工作的，一个动物或者一个人到底能不能弄清楚自己的大脑怎么工作，我觉得如果解决这个问题的话，任何问题都能解决了，所以这大概是最有挑战性的科学。我和一些同事在计算机领域和脑科学领域之间合作了 6 年多，如果能够合作得好，能够促使脑科学往前发展一大步，我觉得就非常有成就感。但是为什么计算机科学会帮助脑科学呢？不光是人工智能，还有很多其他的领域会帮助脑科学，可能也会帮助别的科学，因为计算机的速度和计算机算法等各个领域发展得很快，就像方方教授讲的，你们动作太快了，为什么动作快了？是因为大家都知道摩尔定律，基本上每一年半速度要增长一倍或者是存储量增长一倍，变成了每 15

年增长1000倍，人的能力是不可能每15年增长1000倍的，我们上了15年学，能力不一定增长1000倍。但是只要跟技术连在一起，它就能够帮助你看见很多数据，这就是你的数据分析量，我们希望把数据分析量的增长1000倍变成知识能够增长1000倍，这样整个科学界包括脑科学会发展得很快。我鼓励年轻人研究怎么样用计算技术或者是用计算的想法来帮助脑科学或者其他科学往前发展。这是比较热的，可能热的时间也会很长。

**张益肇：**我觉得两位老师都讲得非常好，一个人的大脑预估有800多亿到上千亿个神经元，所以对计算机科学来讲，现在根本还差得很远。今天我们讲脑科学的话，除了智能方面，比如怎么样背单词，另外一个可以做的是比如说人的情感方面的研究。这里也有很多有趣的假想，比如男女朋友一见钟情，结婚五六十年以后，你看到你的太太，脑海里还是60年前看到的她年轻的样子，所以唤起的情感不是光靠现在的判断，还有过去这些预期、这些累积，我不知道有没有真的去做很科学的研究，是不是你的大脑里面有一些细胞专门记你的祖母，或者有一些细胞专门记初恋情人，但是这种研究至少对心理健康来讲其实有很大的帮助。我自己常常讲人要快乐，就是期待值要合理。例如，人的大脑有做预测的能力，人进一个房间，预测书桌在这边，走路的时候就可以避免撞到它，但今天有人进来把书桌改了一个位置，那你进来撞到它，多少会不高兴，因为这样的话，就是一个预测被推翻了，你会预测会不会撞到别人；反过来的话，如果预期有惊喜，这就是快乐的来源。很多幽默剧或者是笑话就是这种效果，让人觉得情理之中，但又意料之外。

所以我觉得第一是怎么样来管理每个人的预测值、期待值，另外是怎么样来帮助提升管理的效果。这个在很多层面上都有，这是人和人之间的交流机构，现在有一个特别好的机会，因为现在的社交网络等还真的可以做大量的实验。过去脑神经科学很多是用少数人，就是

50 人、100 人的 fMRI 扫描结果，数量很有限。一些社交平台和研究机构做了一些实验，就是同样的信息用不同的方法展示或者在不同时段展示有什么效果，这样对增进交流或者是联系感情有怎样的帮助，这些都有很多不同研究的机会。

**毕彦超：**大家提了很多可以做的研究，所以期待更多人加入这个领域，才有更多的进展，机会存在于不同想法的撞击。

我还是蛮好奇李凯老师的，因为我们的背景或多或少都是机器智能（Machine Intelligence）或者是人类智能（Human Intelligence），据我了解，您早期的工作是跟计算机本身有关，您是怎么走到现在的？

**李　凯：**主要从好奇心出发，你自己感觉成就感最大的工作是好奇心驱动的工作，不是科研经费驱动的工作，最开始，我们有一个学生有一个题目，当时我们没有科研经费，就找别的经费来支持的，支持了两年，因为我们觉得这个题目很有意思，可以做。原来要研究的功能连接（Functional Connectivity）需要在一个服务器上计算几十年，后来我们可以几分钟就计算出来。之后我们发现了以前发现不了的在脑神经科学方面的结果，我们就感觉非常好，这就不是科研经费驱动的，完全是好奇心驱动的。另外，张老师提到 ImageNet，李飞飞跟我合作的时候，我们有一个学生，当时也没有经费。我们写了申请报告给美国国家科学基金会，李飞飞先写的，被拒了，她说第二年你写，你可能有经验，我写完也被拒了。其实这个评价机构我觉得还是合理的，但是评比的人中如果有一个人非常反对的话就拿不到经费了。因为这个项目是好奇心驱动的，不是跟着潮流的，就有可能有人反对，觉得你拿着纳税人的钱做你喜欢做的事不一定对，可是结果反倒是有影响力的工作，所以我鼓励做科研项目一定要从个人好奇心角度出发，你觉得什么最重要，你觉得对哪一个科学领域有推进，这样做出来的效果可能最好。

加上一点，最开始我们没有获得支持，但后来英特尔公司不仅支持我们，还参加科研，我觉得这是一个很好的例子。就是你把一个最开始大家拿不到科研经费的项目，变成连公司都愿意参加的项目，这个过程我觉得很有意思。上次我在中科院计算所跟一些人谈话的时候，就讲有一些科研题目非常热的时候就像夏天一样，我们都知道，夏天过后就是秋天了。觉得最有成就感的工作是在冬天的时候做，把它做成春天，然后把春天变成夏天。如果在冬天做的时候没有科研经费，你得敢于去做才行，得有一个环境促使你敢于去做。我觉得普林斯顿大学那种环境还是很好的，允许我们做冬季的项目，比如6年前和脑神经科学的同事合作。

**毕彦超：**谢谢李凯老师分享他实际的想法和普林斯顿环境。我的第一个感觉，我们做很多新东西的同学，一定要跟导师说没有资金的新东西，这是最容易出大的影响力的结果的。我自己有一个特别切身的感受，就是为什么脑科学这么吸引人，一个是李凯老师说的好奇心驱使，我们真的很好奇这个大脑，另外一个是现在是比较振奋人心的时代，来自于不同领域的研究者开始真正地融合和探讨同一个问题，比如说我所在的北京师范大学国家重点实验室里面，有做心理学基础的，有做神经科学的，还有做计算机的、模式识别的、纯数学的、理论物理的，我们一块儿把大脑看作一个复杂的系统，还有做教育的、儿童发展的，这样的话一些人在一起聊天才能碰撞出火花。回到刚才的主题，我觉得很多还是在技术方面的帮助，比如李凯老师的算法可以做实时的反馈和分析。回到刚才方方讲的更严谨一点的、更理论性的科学问题上面，两边真的有帮助吗？未来有哪些可以真正值得帮助的地方？刚刚方方举了一个例子，就好像神经科学单方面在支持AI的应用，我不是很确定我同意这一点，但是我有印象，在我很年轻的时候，AI和心理学像结婚一样结合在一起，还有了一个孩子，称为认知科学，而我们现在就在谈这样一个婚姻。他们曾经说，我每开除一个语言学家或者心理语言学家，我的表现就会提高一些，就像刚才张老师所说的 DNN（深度神经网络），并没有真正用到方方所讲的在人身上发现的结果，所以你怎么来看这个事情呢？

**李 凯：**如果你看一个例子，像深度学习，它最开始是受脑神经科学的结果影响的。最早的文章是 1961 年脑神经科学家写的，后来 1985 年 *Nature* 发表了由 Rumelhart, Hinton 和 Williams 写的关于反向传播（Back-propagation）的论文。Rumelhart 是脑神经科学家，其实这个领域一直都是很冷的，一直到 2012 年的 ImageNet 竞赛中，因为大知识库把它的能力显现出来，才热起来。从 1961 年到 2012 年，经过了 50 年的时间。最开始的一个基本想法要很长时间才能起作用。做科学研究的人都知道，这些想法需要长时间的投资，最后才会起爆发的作用。政府一般不这么看，他们希望投资马上就起作用，各国政府都有这个问题。我觉得做科学和技术好的人心里都比较静，一般都知道做一件事情的话可能需要很长时间才会起作用，所以现在在 AI 这个领域，很多人一看 AlphaGo 赢了围棋冠军，就觉得人类可能要受到影响了，AI 可能要代替人，但是讲这些话的人都不是做 AI 的人，做科学的人都觉得一个想法需要很长时间才会起作用，所以我觉得大家要静下心来，在科学领域中，应该起作用的会起作用，不应该起作用的不会起作用。你同意吗？

**毕彦超：**我特别同意。

**张益肇：**好多是科学和科技这两件事情前后的关系，举个例子，蒸汽引擎，它的发明远早于热力学的发现，有时候好奇心是一方面，另一方面是真正对这个社会或者产业的影响的重要性，蒸汽机出来以后慢慢地大家说怎么设计更好的蒸汽机，开始认为要怎么去研究热力学才能做得很好。同样，刚刚讲的三大疾病——自闭症、忧郁症、阿尔茨海默病，每一个对社会都产生很大的成本，所以如果有这么大的挑战，也就会吸引更多的资源、更多的人来投入。像今天提到的，有些教授在研究 MRI，比如说广告领域，怎么样做广告？相对来讲，对人的情绪驱动，这是非常实际的应用，因为视觉上每年有将近 1000 亿美元用在广告上面，但因此你可能也发现一些原理，很多广告不是来触动你的理性，而是来触动你的感性，如果通过投资这个研究，也会使对感性的理解达到更高的层次，可以吸引很多科学家进入的话，也是一个好事。

**毕彦超：**最后还是希望方方能补充一下，你有没有被大家说服呢？

**方　方：**有关于脑科学的两个例子，首先，我们脑科学研究工作者非常希望把大脑数百亿的神经元的每一毫秒级、每个神经元的活动都记录下来，我们希望有一个逻辑、有一个理论来解释这些活动。比如最近做得比较好的强化学习模型，这个模型可以解释很多人类的行为。如果我们把它应用到神经科学里，面对记录如此海量的神经数据，我们怎么样解释这个东西？有一个例子，强化学习模型可以很好地解释很多人的学习行为，比如感觉皮层和记忆皮层，为什么是这样的活动，如果没有这个模型引导的话，这些神经活动从表面上看，完全是乱的。

第二个例子，神经科学告诉我们怎么计算，有很多人用 fMRI 的数据去试图解释人类这种视皮层的信息加工，但 DNN 主要还是强调从低到高、从简单的特征加工到高级的客体特例加工做图像的搜索。事实上，北京大学麦戈文脑科学研究所唐世明研究员花了 6 年时间去研究清醒猴的双光子成像技术，发现比如在最简单早期初级的视皮层到 V1 上面有 30%的神经元是对简单特征进行反应，但他还发现有 30%的神经元是对复杂的形状进行反应，这就不对了，这就和 DNN 不一致了，DNN 最开始的加工是针对简单特征的，但唐世明在第一层就发现很多神经元可以对很多复杂东西进行反应。如果 DNN 再往前走一步的话，是不是把他做的东西放进去会更好呢？

**毕彦超：**谢谢方方，我自己也有个特别深的理解，因为最近也经常来听一些报告，跟方方有非常相似的感觉，人在处理的时候还是会有很多的净化，我自己也是一直在思索这个问题，中间还是有很多东西。我自己觉得是要共同回答一个问题，找到如何共同合作的途径，有一个更好的未来。我想把更多的时间留给在场观众提问，大家可以随时提问台上任何一个嘉宾。

**观众提问：**作为一个新青年，我非常想要知道我们的脑科学和智能在今后会对劳动市场产生什么样的影响，以及这对我们的社会会产生什么样深远的意义。

**张益肇：**我儿子今年刚念完大一，他想做医生，可能很多人讲医生 3 年就会全被淘汰掉。我们讨论过这个话题，但我没有那么悲观，我觉得医生这个职业至少几千年了，不会在工具改善之后完全被淘汰掉。但我跟大家建议，择业第一要找真正很有热情想做的工作，因为有热情就会不断地学习，不断地提升自己，人有很强的学习能力。举个例子，设计下围棋的系统不是一朝一夕可以完成的，但对于人而言，可能 30 分钟就基本知道怎么下围棋了，所以机器的能力是远远不如人的。只要不断学习，你就可以在这一职业领域不断成长。这个世界依然还是有很多未知的领域以及我们需要面对的很多艰巨的挑战。就比如在座的每个年轻人都快快乐乐地活到 100 岁，其实也会需要面对一些新的挑战，比如矿石能源的枯竭和新能源的开发，教育领域适应新形势的新型人才的培养等，我觉得这些都是年轻人可以思考的发展方向。

**观众提问：**各位老师你们好，我有一个问题提给所有的嘉宾，因为我比较好奇，从科学出发，也就是从模型出发，有很多的数学模型或者是物理模型，甚至是化学模型，我们更多的是通过这样的模型或者是理论的方法，对某个物体或者对这个世界有一些认知，这些模型帮助我们理解。现在在人工智能这一块儿，老师介绍更多的是通过表现（Performance）给大家带来的一些反馈，而不是很开心的是我训练到 90%。但另一种开心是它到底在解读什么，它告诉了我们什么，也就是说人工智能这一块儿，它想成为一个科学或者是怎么样去帮助理解的机制，比如刚才李凯老师用了春夏秋冬来比喻一个学科，非常形象，对于您来说，这一块儿是处于春季，因为这一块儿的突破还是非常有限的，想听一下各位老师的看法。

**李　凯：**我想有很多问题还是没有解决的，就像你说如果深度学习用 152 层 ResNet 结构，它为什么工作比以前好，大家有很多的直觉，但你是不是能用数学模型或者数学的方法来解释为什么工作，其实现在有人做这方面的工作，比如我们系做理论的一位教授，他跟他的学生做了一些这样的工作，可能大众还不知道，因为他写的文章是很难读懂的文章，需要一段时间才能解读。这一类的领域有待于发展，不是有了深度学习人工智能就到头了，像我刚才讲的，深度学习是从一九六几年的知识开始一直演变到现在，有很多新的想法和办法会出现，比现在的深度学习要好。另外，像 AlphaGo 不仅是用深度学习，还用强化学习，这个领域还在不断地向前发展，还有很多东西要去做。

**观众提问：**我问一个比较具体的问题，想问一下李凯教授，因为当前大火的深度学习是基于传统计算，实际上它跟大脑的处理方式还是有所区别的，如果有人说按照这种趋势，我们永远也不能造出一个人工智能的机器，现在有一些类脑的研究，李教授觉得在这个领域用现在传统的结构的研究方法或者是用现有的硬件基础来制造一个类脑的处理结构，这方面会不会做一些研究？或者您了解到神经网络有没有一些突破性的进展？貌似是没有这样的报道出来。

**李　凯：**现在有很多人在考虑怎么样在计算机体系结构方面做硬件，完全新的计算机设计，包括仿大脑的设计或者仿各种模型的设计，有很多人在做实验，我想一部分原因就是英特尔为什么花了很多钱支持我们的项目，就是想从对脑神经的研究，真正跟脑科学研究第一线的科研人员在一起研究以后，看是否能够想到下一代甚至下几代新型计算机结构是什么样的，这是一个大问号，我觉得其实这个领域有很大的发展前景，就是现在哪一个方面最有希望还不是很清楚。

**毕彦超：**这几个问题特别有代表性，回应了我们的主题。最后，我特别感谢各位嘉宾和大家提的好问题。谢谢。

毕彦超、方方、李凯、张益肇

理解未来第28期

2017年6月10日

# 第三篇

## AI 生态舞台

在市场环境快速变化的今天，企业变得愈发关注整个行业的协同创新。协同创新令科学、创新、投资中的所有核心元素都得以良性发展和循环，相互促进并相互制约，构建了创新生态系统。苹果的成功和硅谷的持续领先也再次证明，由封闭到开放，由创新体系到生态系统的转变，可以获得更大的成功，创造更大的价值。而我们需要做的是探究如何建设并完善创新生态系统，从更长远的角度关注它的栖息性以及生长性。这需要政府、企业、科研机构等各方力量共同参与。

山世光

中国科学院计算所研究员
中科视拓（北京）科技有限公司创始人、董事长兼CTO
未来论坛青年理事

中国科学院计算所研究员、博士生导师，中国科学院智能信息处理重点实验室常务副主任，中科视拓（北京）科技有限公司创始人、董事长兼 CTO。主要从事计算机视觉、模式识别、机器学习等相关研究工作。迄今已发表学术论文300余篇，其中CCF A类论文70余篇，全部论文被Google Scholar引用13000余次。曾应邀担任过ICCV，ACCV，ICPR，FG，ICASSP等多个国际会议的领域主席（Area Chair），现任 *IEEE Trans. on IP*，*CVIU* 和 *PRL* 等国际学术刊物的编委（AE）。研究成果获 2015 年度国家自然科学奖二等奖和 2005 年度国家科技进步奖二等奖。2012 年度国家自然科学基金委员会“优青”获得者，2015 年度 CCF 青年科学奖获得者。

# AI 与人脸识别的未来

尊敬的各位领导、各位嘉宾，下午好！我介绍的内容是机器人或者智能的一个基本技能，就是它看的能力。我们可以设想，对于任何一个机器人，或者以某种形式存在的智能体，如果它需要跟这个世界进行交互，需要跟人进行交互，就需要看人、看世界，认识世界上的万事万物，这样才能更好地跟我们进行交互，并且为我们服务。

我们知道人工智能在过去 3 到 5 年时间里，尤其是最近两年时间里出现了非常热的现象，有很多的案例，比如 AlphaGo 打败人类围棋冠军。这个进步出乎学术界前沿科学家们的判断，因为在这之前，很

多该领域的科学家预期，AI 打败人类围棋冠军还需要 10 到 15 年的时间，可是这个结果在两三年内实现了，所以这是跨越式的发展。第二个例子，大家看到自动驾驶，特别是辅助驾驶可能逐渐走入我们日常生活里，很多人知道汽车辅助驾驶或者自动驾驶状态确实存在，更多是从特斯拉汽车出了两三次车祸之后。大家对这件事情有了更深刻的认知，包括在这个领域做了很多年的技术人员，过去两三年还认为自动驾驶或者辅助驾驶距离我们是比较遥远的，可是这样的技术在最近两三年真真切切地走到了我们的生活里，我们也了解到很多特斯拉用户即使在北京这样的交通状态下，也会用特斯拉自动巡航模式，比如跟踪前车的模式行驶。第三个例子，就是人脸识别技术，它的发展也超出了我们的预期，在 3 年前，这个领域大多数的专家，包括我自己这样做人脸识别 19 年的人，认为有一种场景可能需要 10 年的时间才能实现，更悲观一点认为这个可能无法实现。这个场景是什么？我们国家二代身份证内有一张非常小的照片，这张照片是 102×126 像素大小，它是一张彩色照片，因为在我们制作二代身份证照片时存储蛮贵的，所以我们做这个证件的时候把这张照片压到非常小的存储空间，只有 1000 字节，这样节省成本。三四年前，包括更久之前，用这样一张存在身份证里的小照片和现场持证人通过机器对比来判断是不是这个身份证的合法持有人，这件事情我们认为是不可能的，但是我们现在可以非常准确地判断这个二代身份证的合法持有人是不是这个人，它的性能比人高很多，准确度比人高 10 倍甚至上百倍，这也是超出了我们认知的跨越式发展。第四个例子，我们叫自动图题技术，给计算机一张照片，让计算机产生一句话描述这张照片有什么内容，这是老师给小学生布置的一个典型的作业，叫看图作文，我们这里叫自动图题。两年前在学术界做这个技术的人都非常少，2015 年这个技术出现了，很多学术界和工业界包括 Google 可以做到不错的结果。比如计算机可以自动描述一张照片的内容是一群人在一个开放的室外市场购物。这样的结果甚至可以以假乱真，所谓以假乱真是机器生成的描述和人写出来的描述是不可区分的，如果大家了解图灵测试也知道这是某种意义上的图灵测试，就是计算机产生的结果已经和人产生的结果不可区分。

当然，应该讲这些技术进步的出现很大程度上都得益于深度学习技术，这个技术在这两年可能是整个计算机行业里曝光度最高的技术，但是我想说深度学习并不是全新的创新，它作为全新的创新大概在 20 世纪 80 年代末期，也就是人工智能第二次热潮期间出现的多层神经网络技术。这个技术在当时之所以没有成功，甚至导致第二次人工智能寒冬的到来，背后的原因是当时我们没有现在大量的数据，也没有现在非常高性能的计算机做大量的运算。当然，在那个时代我们也没有大量的从事相关方向的科研人员来以集体的智慧发展这样的技术，导致在当时大家认为这样的技术还是不好使，所以出现了第二次人工智能的寒冬。这一次人工智能热潮的出现，我们认为跟前两次人工智能热潮有很大不同，前两次人工智能热潮是基于一种承诺，也就是说部分科学家预测人工智能可以很快得到解决，这是一种预测，是一种承诺。这一次人工智能热潮确实基于技术跨越式的进步而出现，我们认为它确实跟之前是非常不同的。

但我们需要知道的是，这一次人工智能的热潮也并没有使得人工智能真的像在科幻电影里看到的通用的人工智能，比如我们期望一套人工智能系统可以像人一样做所有的事情，可以看，可以听，可以理解，可以跟人交互，可以下象棋，可以下围棋……比如 AlphaGo，虽然它本身可以打败围棋冠军，但是直接让它下跳棋也不行；比如我们现在开发的人脸识别程序，也不可能直接拿来做狗脸的识别；等等。也就是说，其实我们这一次人工智能热潮背后技术推动带来的人工智能新的变化并不是通用性的。另外，它也不能自我迭代，这是一个非常关键、非常致命的缺点，也就是说它不能自我成长，所有的成长、更新、迭代全靠人类程序员给它数据、模型和方法，然后用强大的算力训练它才能进步，所以它跟我们人类智能的进化和发育有非常大的差别，集中体现在机器人上，虽然现在人工智能技术取得很大的进步，我们的机器人看上去很漂亮、很炫、很酷，但其实很多机器人连知人识面辨万物的能力都没有。

大家也没有必要这么悲观，应该说 AI 技术的通用性在快速提高。比如 5 年前我做人脸识别的时候，很多客户找过来，我们给他们介绍了人脸识别的技术，他们说很好。他们有一个需求，是在建筑工地上，希望检测一下有没有工人没有戴安全帽，我说这个事情我们可以做，大概需要半年到一年的时间，你给我提供几千张戴安全帽工人的照片，再给我提供 2000 张不戴安全帽工人的照片，我们拿这些数据进行分析，人工设置出一些特征，安全帽的特征是椭圆的，可能有红色的、黄色的，可能上面还有一些纹路等，所谓人工设计的特征就是我们的专家找出形状、纹理、颜色的特征，把这些特征给一个分类器让它学习，什么情况下有了这个特征就是戴安全帽的，什么情况下不是戴安全帽的。寻找这个特征的过程是由人完成的，这个过程会非常慢，所以可能需要一年的时间。现在深度学习时代来了，我们的做法是，如果数据收集完了，比如有 2 万张戴安全帽工人的照片和 2 万张没有戴安全帽工人的照片，用这 4 万张照片训练现成的用来做人脸识别的模型或者用来做狗脸识别的模型，我可以用大概一星期做出一个程序，能够比较准确地或者非常准确地判断一个人是不是戴了安全帽。从这个意义上讲，我们这一次人工智能的革命，由于深度学习技术的突破，使得 AI 技术本身底层方法的通用性得到了很大的提升。

与此相关的另外一个例子就是人脸识别，人脸识别有接近 50 年的历史。在过去 40 多年的时间里，人脸识别一直是很特殊的计算机视觉任务，它和一般其他物体识别技术是很不一样的，比如我们用人工的特征，大家不需要知道这些特征是什么，反正我们用一堆我们的特征做人脸识别技术。而狗脸、猫脸、马脸或者马身体的识别技术采用的是另外一些特征，跟人脸特征是不一样的。现在深度学习时代到来之后，我们所有人脸识别的技术，目前能够做得比较好的，包括刚才我提到的身份证一致性验证的技术，都是完全采用了深度学习的技术，也就是说我们只需要有数据就可以用一般物体识别的方法或模型，加上人脸的数据，很快地得到在人脸上非常非常好的模型和算法。在过去很多年里，我们曾经是每一个问题或者每一个技术都需要有一个专家系统，请专家人工地发掘或发现如何做好，现在我们到了可以用很多共性的技术，而不同之处更多的是数据，这样的一个时代。

其实深度学习像文艺复兴一样，从 20 世纪 80 年代末期出现多层神经网络的技术，到 2006~2012 年这段时间里，优化的角度出现一些变化，导致我们可以实现非常多层次的人工神经网络有效的训练。所以 AI 的基础设施，或者这一次 AI 热潮的出现得益于四大引擎，就像火箭上天需要引擎一样，其中深度模型就是第一个。第二个，我们需要大数据，得益于互联网以及大量传感器的出现和大量的应用，我们可以越来越容易地得到大量的数据来训练我们非常复杂的深度模型。第三个，高性能计算，我们有了 GPU 这样适合大量计算的设备。第四个是往往不被大家所提及的智力众包，这一点在这个时代，尤其对于这一次深度学习能够迅速普及起到非常关键的作用。因为这一次的深度学习其实并不是那么容易可以训练和学习的，像我刚才举的例子，给我安全帽数据和非安全帽数据我能够非常容易地去训练，还是要有非常好的模型，这个模型得益于全球基础研究人员能够把他们自己之前已经学习好的，或者尝试了非常好的方法和模型贡献出来，把源代码开放出来，把数据开放出来，使得我们可以做这样的事情。

我们刚才看的是全球环境下的 AI 热潮，现在看中国在这一次 AI 热潮里是不是落伍了？我个人判断，至少我们不在潮头。第一个非常重要的原因就是我们在基础研究方面，20 世纪 80 年代末期已经落后了，现在也没有赶上来。我们在基础的模型、深度学习的方法、基础理论和各种模型的设计方面，其实并没有冲在前面，主流深度学习的模型主要是在北美提出的。第二个，AI 的平台主要在美国，国内现在也跟得很快。第三个，某种意义上讲， AI 能力也有一点点寡头化的意味，Facebook、Google 等由于掌握了大量数据、大量计算资源和大量国际顶尖的人才，所以在某些方面远远走在我们前面。比如训练人脸识别模型，他们用 800 万人的 2 亿张照片训练人脸识别，这样的数据对大多数科研界的人员来说其实是不可能获得的。国内总希望我们的科研人员既顶天又立地，其实往往我们顶天者不顶天，立地者不立地，反过来说也成立，顶天者不立地，立地者不顶天，我们往往会做一些空中楼阁的东西。回到今天论坛的主题，我们希望实现从基础研究到技术创新，再到应用的顺畅转化，这一块儿我们目前并不是很顺畅。

我讲一讲自己的故事，过去接近 20 年的时间里我一直在学术界工作，如果从纯粹学术界的判断还算做得不错，也取得了一些奖励，我一直在反思的是，我做的这些工作是不是顶天了？如果非常批判地看，我认为很多东西其实是空中楼阁，做了一些理论上有用的东西，但是因为它不满足现实约束条件而很难落地，成为一个实际的应用技术。幸运的是，过去接近 20 年时间里，我们通过跟企业合作的方式，也取得了一些非常好的落地和应用，比如我们的技术应用在我国公安部出入境管理局护照查重系统，这个系统一直运行了几年时间，里面有 4 亿张护照照片，每个新申请护照要跟所有 4 亿人的人脸照片进行比对，看你之前是不是曾经用其他身份办过护照，类似应用在各个省公安厅用来比对户口，看一些人是否有多个不同的户口。还有我们通过跟华为合作，把人脸识别技术授权给他们，用于他们的手机里。简单来说，在局部和小范围内做了一些立地的工作。这样一些立地的工作的成就感，对于我来说，和我学术上的成就感是可媲美的，甚至有时候我想起来自己做的技术能得到这样大规模的应用，会感到更加自豪。

另一方面，我觉得还是不够满意，主要体现在：在过去很多时间里，我跟很多工业界的人也有所接触，但是发现工业界和学术界的对接还是出了很多的问题。假设我们做满足用户需求的产品需要 100 步，学术界往往只走前 30 步，我们国家的中小微企业从第 70 步才能走，再往前他是走不了的，或者出于成本的考虑他们是不愿意走的。中间出现了 40 步大家都走不了的状态，这是一个不可逾越的鸿沟，所以说学术界和工业界之间有蛮大的距离。对于大企业不存在这样的问题，大企业建立自己的研究院，比如余凯当年被百度招过去建研究院，他可以实现学术和工业之间良好的对接。

如何跨越这个鸿沟？一种办法是学术界要往下走，再走 20 步，比如走到 50 步，工业界再往上走 20 步。从第 50 步到第 100 步，这个难度其实很大，我们过去跟企业合作的过程中发现大家多不太愿意往下走，体制等原因导致了这样的差异。还有一种办法，我们可以建立一些科技服务公司，这些科技服务公司可能更多源自于学术界，他们实现学术界和工业界的优势对接。基于这样的考虑，大家可以看到最近几年雨后春笋般地出现了大量 AI 科技公司，这些科技公司都有一个共同的理想，就是希望在 AI 领域发现、创造拟人的 AI 技术，使得我们的生活更加美好，社会更加安全，这也是所谓 AI 生态大舞台的概念。我认为我们需要共同创造一个开源、开放的环境，共建 AI 时代基础设施。像我们现在工业社会有水、电、煤、高速公路基础设施，AI 时代我们也需要一些基础设施，这些基础设施包括 AI 开发的平台，比如 Google，开源了它的 TenserFlow，当然百度也有，开源了这些开发的平台。其实学术界也开始担心像 Google 占主导的这样整个领域发展开源平台会带来很多问题，尽量创建一些不依赖于特定公司的开源平台。另外，我们希望大家不断开源一些代码，使得我们在各个领域都有非常不错的开源的技术，能够被广泛地采纳。我前一段时间听到一个概念“火旋风”，意思就是在一个区域里一些火点密度足够大，会形成一个高达几十米的像龙卷风的火焰。对于人工智能，我们需要每个行业有人愿意开源他们基础的代码，使得我们可以形成整个 AI 产业的火旋风。我们希望有数据的开源，重视人才的培养，以及理性度量和报道 AI 领域的进步。

基于上面这样一些考虑，我助力我的学生刘昕博士，在今年 8 月份成立了中科视拓公司，公司名字叫 Seeta，就是“看它”，一个中西合璧的名字，我们在哪些方面做了什么工作呢？我们开源了我们人脸识别的引擎，是一个完全开源、完全免费、工业界和学术界都可以使用的人脸识别的引擎，这里包括搭建一套全自动人脸识别系统代码，不依赖任何第三方的代码。同时，我们过去开源了很多的数据，包括我们建立了深度学习大讲堂，做知识的共享，找专门的人把学术界最新的技术共享给学术界和投资界。同时，我们正在进行产学研合作 AI 基础人才的培养，尽量理性推进 AI 领域技术进步，同时希望回馈学术界，把前沿问题和数据包括经费回馈给学术界。

山世光

理解未来第 22 期

2016 年 10 月 15 日

## |对话主持人|

**丁　健**　金沙江创业投资董事总经理、未来论坛理事、未来科学大奖生命科学奖捐赠人

## |对话嘉宾|

**陈大同**　北京清芯华创投资管理有限公司投委会主席、未来论坛理事

**方　方**　水木投资集团创始人兼董事长、未来论坛理事

**黄晓庆**　达闼科技有限公司创始人兼 CEO、“千人计划”国家特聘专家

**山世光**　中国科学院计算所研究员，中科视拓（北京）科技有限公司创始人、董事长兼 CTO，未来论坛青年理事

**王　淮**　线性资本创始合伙人、未来论坛青年理事

**丁　健：**大家下午好，时间已经很长了，听到前面的演讲，我想大家也有很多的问题，山教授已经给我们做了非常好的介绍，下面请他回答一个问题，你从科研到企业创始人，在这个过程里感觉到最大的变化是什么？你最大的收益和最大的挑战是什么？有没有后悔过？

**山世光：**对于我来说，之前一直在学术界做，走到创业这条道路最大的收益是自己人生维度的变化，我过去在学术这个维度上虽然不算顶天，但还算有点高度，在这样的条件下又开始白手起家走到另外一个维度，希望自己人生的高度有更大的变化，这回到我为什么选择从学术界迈出半步踏入工业界，经过半年左右的思想建设，一个很重要的动机，是我觉得自己过去在人生的维度上低了一点，自己在学术上了解的东西很多，但是如何把一个技术和算法转化到产品上还很欠缺，这是非常重要的一点。经过这一段时间的发展，通过跟业界很多人交流、沟通，包括我们自己思考，感觉自己的思想境界打开了一些，很多脑洞跟过去不一样，这是我最大的收获。如果说挑战，从这两个角度来说还是挺不一样的，刚才我提到创业的角度和做工业的角度，我们更关心从用户需求出发，做学术往往追求差异化，差异化就是创新，从学术的角度跟别人不同才行，但从商业角度，从满足用户需求的角度，我们很多时候不能够完全想着一定要跟之前所有东西不一样，有很多基础的东西需要借鉴前人最好的东西，从这个角度上来讲我们解决问题的思路有所变化，这个变化需要时间克服。

**丁　健：**山教授成功背后也有非常重要的投资人，下一个问题我就给他的投资人，线性资本创始合伙人王淮先生，我的问题是，作为一个投资人，你直接从学术界到创业投资一个团队，这样一个大跨度实际上在投资界是不多见的，也会面临非常大的风险，在这方面有什么经验和教训？也同样问你后悔不后悔？

**王　淮：**目前来看，世光老师没有让我们失望，以前我们没有投资过从学术界出来的创业人，投的是到工业界洗一遍再做创业的，做过案例以后对做世光案例多了一点底，将来会不会失望就看世光老师做得怎么样，经验教训谈不上，倒是有一些感受。我们跟中国很多非常不错的学者，像世光、余凯等教授交流过，一圈下来，觉得99%的教授是不应该去创业的。我们这么看待一个创业的问题：学校里面的学者关心的问题是研究，研究的下一步是技术，我们今天听到的物理超导这些东西是基础研究的突破，到可用性层面才会成为技术，再到后面是针对实际可解决问题的产品，产品到后面才是商品，产品到商品中间有一个很重要的环节是去卖，商业模式要不要赚钱，这是学者很不愿意思考的问题。整个一圈下来到了哪一个层面先不提，讨论具体问题之前一些教授就有点不愿意想，后面好多东西取决于不同的领域和不同的老师的接触面不一样，一层层下来之后，99%的教授其实不适合去到达商品层面。像世光以前在这方面没有很强的经验，至少跟华为、银晨做了这方面的工作，有了这方面的基础，这是一个学者想去创业应该借鉴的一些很好的东西，也是我们看待项目的时候去关注的优点。这是事的层面。

我多讲一些人的层面，我以前是工程师出身，后来做了早期投资，好多教授在象牙塔待久了，他不认识你的时候，有时候就先入为主，认为你是商人、资本这一块儿的，不一定愿意跟你交流下去。很多教授在交朋友方面并不开放，只有在这个层面多交他在自己领域之外的朋友，才有可能让商业化的事情将来变成可能，朋友才愿意帮他，这些普遍还是一些学者不一定擅长的东西，学术圈占了他们平时交往的大多数。我们看待团队的时候，主要看这个教授情商如何，愿不愿意跟你讨论学术之外的问题，这是我的两个大的感受。

**丁　健：**方方是水木投资集团创始人兼董事长，也是未来论坛创始理事，他有一些补充。

**方　方：**刚才听王淮讲我非常同意，我也经常能看到很多这样的学者和教授拿非常好的想法跟我交流，听完之后我都是叹一口气，比较要好的朋友我就直接讲，不熟的就没有直接讲。牛顿发现万有引力但是没有赚到钱，他太聪明了，认为所有东西都可以用数学来求证，牛顿投资亏得一塌糊涂，跟他一起投资的人也亏得一塌糊涂，这是一个例子。

另外一个例子就是爱迪生，爱迪生在他那个时代是最伟大的发明家、科学家、工程师，他创造的通用电器刚开始还可以，到后面如刚才说的，从技术到产品他能做出来，但从产品怎么变成一个商品就做得很不好，最后没办法，他的投资人摩根在他不出席董事会的时候把他给换掉了，然后这个公司才把商品做出来。

从科学家到创业者的路程非常长，需要不同的资源、人才结合在一起，其中最重要的就是要和写支票的投资人结合在一起，因为这些人会帮你操心怎么组织资源，我就补充这一条。

**丁　健：**他讲这个我想起一个很有意思的故事，互联网创建的时候在波士顿有一家公司，这家公司在互联网领域有很多专利，做了很多贡献，但确实没有挣到钱，很多的发明都是被思科和做路由器的公司拿走。一进这家公司就有一句标语：我们创建了这个技术，但是他们把钱都挣走了。这里要说跨界，台上的人都有很多跨界的经验，但是我想谁跨界都没有黄晓庆跨界厉害，他对国企和民企这两样东西结合在一起创业有很深的体会，借此机会请黄晓庆讲讲这方面的体会。

**黄晓庆：**刚刚山教授讲了他的故事，王淮说99%的教授都不能创业，我想再加一句，除非你是斯坦福大学的教授，在美国学术界创业最有名的学校就是斯坦福大学，而且斯坦福大学教授创业成功的例子非常多。刚刚丁健讲他们把钱赚走了，其中两个人就是斯坦福大学的教授，他们创办了思科。从这儿我觉得中国和美国在创业这个问题上面一直就有很大的差异，比如说中国一直到最近都不会有大学教授可以有一年甚至超过一年的停薪留职，去干想干的活儿，在很多情况下就是创业。另外，美国的大学对教授创业或者学生创业都有一个非常宽容的知识产权政策，也就是说，在你创业的时候学校基本上就把你在学校的发明创造送给你，你自己去干，甚至像斯坦福大学很典型，学校还会投资，给你出点种子钱，你就会发现它有这样一种文化。

讲到跨界，最大的跨界就是从学校出来创业，从大企业出来创业也是一个很大的跨界。我给大家讲三点体会：

第一，不管是中国的大企业还是美国的大企业，实际上都是差不多的，都是大企业。对于我们，在大企业工作能够得到的最重要的东西就是你可以获得比较严格的训练，和很多优秀的人在一起共事，我强烈建议刚刚毕业的人找一家比较著名的大企业去工作，但千万别在那儿干久了，绝对不要超过五年，在大企业工作 5 年以上我估计你的斗志磨得差不多了。

第二，如果你是在学校或者大企业，要出来创业，必须要有跟你技能完全互补的合作伙伴。从这个角度来说，实际上过去在中国这很困难，最近 10 年中国发生了翻天覆地的变化。10 年前找到一个财务人员跟你一起创业我估计很困难，上市公司的规则、财务规则都不懂，很多人不愿意跟你创业；你要找一个营销人出来创业也很困难，别人根本不相信你。中国跟美国，应该说是美国的西岸，很大的差异就是，在美国比较愿意从大企业出来创业的人也是挺多的，比较容易找到合作伙伴，在中国根据我过去的经验是比较困难的，当然我这一次创业就比较有幸能够找到很多从大企业出来的人，能够跟我们一起去创业，也说明中国今天已经有了非常不一样的创业环境，有可能比在美国创业还要好，而且今天中国的资本也开始比较愿意冒风险。

第三，我注意到一个很大的差异，中国创业者是抱负过大，美国创业者是抱负太小。美国创业者三五个人融几百万美元就可能很安静地做好几年，做很窄的一个领域；中国创业者很快想打天下，可能 10 个人就想造一个芯片，50 个人就想开一个大工厂，跟美国非常不一样。中国创业者一定要把想做的东西变小，今天在美国创业确实有很大的问题，创业者做的项目太狭窄，要么被别人买掉，要么自己死掉，美国创业者把创业梦做大一点，跑到中国来卖可能更好一点，这反映了中美之间的差异。

**丁　健**：正好华山资本创始人也是未来论坛的理事陈大同先生，也是在硅谷创业成功回到中国做投资，请他对黄晓庆先生刚才讲的做一些补充。

**陈大同**：刚才黄晓庆先生讲的我非常有同感，我回想起自己的经历，原来在硅谷创业，后来回到国内创业，再后来又做投资，相当跨地域和跨界。这里有一些比较，这一次讲的主题“产学研结合”，也就是学术研究跟产业如何结合。咱们说硅谷学术界和产业界是有特点的，最主要的特点是斯坦福大学和产业界结合非常紧密，有类似旋转门的现象，斯坦福大学现任的校长原来做科研非常了不起，发明了一种新的指令集，以此创办了公司，这家公司非常成功，他后来又回到学校做教学管理，所以在他当校长的 16 年期间，他把斯坦福大学确实变成了一个产学研结合非常好的学校，变成了世界顶尖创新中心。我认识的斯坦福大学教授几乎没有人在下班不做公司的，所有工学院教授几乎都在下面做公司，这是一个传统，而且成功率也不算低，这是一个特点。

那边产业情况是这样的，我只举一个例子，我们当时创业的时候，非常类似今天 AI 的状态，学术界几年前开始发表一些文章，这些文章探索有一些突破，原来的图像传感器用的是 CCD，在那个时候突然有一些学校开始发表一些文章，说我可以用 CMOS 做这种图像传感器，有什么好处。1994 年、1995 年企业家发现一些关键点可以产业化，马上有 VC（风险投资）和企业家两年之内成立好几十家公司，然后来进行这方面的产业化。它有非常敏感的系统，除了企业家的敏感性之外，还有一个风险投资系统，只要想干的话，都有非常成熟的风险投资公司帮你做。有一套非常成熟的系统，非常容易产业化，这是很重要的，我们比较有幸在正确的时间点创业，然后产业化。有一个反面的例子，我的大学同班同学在西安也在做同样的公司，做类似的图像传感器，但是在国内没有好的创业系统，所以完全失败了，我们的创业就成功了。最后，科学上的发明造成产业上的革命，使得图像传感器在各方面有几百倍的提高，所以今天手机上才有了相机，造成人们生活体验上的变化。

后来回国创业，比较国内的系统比国外差在什么地方？我感触很深，国内学术界研究的东西离产业界比较远，比国外大，根本原因是他们的经费来源。国外科研经费来源很大程度上是企业界，跟产业结合比较密切，一般几年内可以产业化。但是国内的科研题目往往找国际上最前沿的东西，而且脱离中国产业实际，做出来的东西第一步产业化可能是在国外某个公司，但是没法跟国内企业结合，这是一个大问题。由于经费来源不同、研究的课题不同，所以国内科研比较脱离实际，这是一个感觉。还有工业界的环境，十多年前中国的 VC 几乎是空白，后来才有了金沙江这种 VC。现在 VC 环境有了天翻地覆的变化，一天一天在改变，这方面条件好了。因为整个创业环境发展时间太短，前面都是偏商业模式的软技术创新比较多，真正硬技术的创新现在在国内刚刚开始，还比较少，这是一个发展的过程造成的。但是国内除了不利因素之外，有一个最大的优势，对于创业来说，有市场，特别是对于硬技术来说，最后总要有产品，制造业和实体经济在中国越来越发达，在美国越来越少，我们看到斯坦福大学教授创办的公司都想到中国来，这是我们的一个现状，很有前途。

**丁　健：**时间关系留一点时间给大家提问，我让台上每一位嘉宾用简短的几句话给我们想出来创业的教授们或者做研究的人们一个建议或者忠告，还是从王淮开始。

**王　淮：**我的建议稍微虚一点，不一定交 VC 朋友，但是跟圈子里面已经出来的，比如说像世光、余凯这样多迈开一步两步的学者多多交流一下，让他们给你们推荐合适的 VC。另外，这个过程当中要招什么样的人，犯什么样的错误，有什么样的遗憾，这些都是第一手资料，从这些人那儿可以获得实验室得不出来的经验。

**山世光：**我的建议很简单，就是多找我聊聊，第二个建议就是多来未来论坛聊聊。我在学术界有很多朋友，据我了解他们不太敢于走出来这一步有几个原因：第一个，很担心政策，特别是对于大学里的老师到底能不能出来创业说法不一，导致很多人不太容易做好。第二个，中国学术界的多数教授可能和我一样，在商业拓展维度上不够高。创业环境没有到那个阶段，教授们创业的技能不太足，导致非常恐惧这件事，我现在也一样还是有恐惧感，要克服恐惧感还是有很大的障碍。为什么找我聊聊？就是聊一聊能不能克服这种障碍，能不能有更强的欲望，我被投资人批判说你就是欲望不足，导致我们往前走一步冒险的时候就是有问题。我这次创业是和学生一起的，我的 CEO 是 90 后，他比我冲得更靠前，所以跟冒险精神比较强的学生搭档也许是比较好的模式。

**丁　健：**现在把时间留给下面的听众，一到两个问题。

**观众提问：**您好，感谢各位大咖的分享。我想问一下，相对于像中科视拓新领域的企业，未来资本市场规划考虑在国内上市还是国外上市？对于国内上市环境，大家觉得在国内上市好还是在国外上市好呢？就是哪个融资率更高一些？

**丁　健：**这个问题跟今天的主题稍微有点跑，王淮作为投资人更了解、更熟悉这方面。

**王　淮：**我们觉得有两个因素决定你的策略，我们对这个不是太关心。你的市场在哪里？这一点非常重要。比如中科视拓市场很多是国内买方的，这个最好在国内。第二个，国外资本市场能不能理解你这个东西，比如余凯这一类的自动驾驶，国外对标模式也比较多，国外资本市场理解这个也比较容易，整个过程他拿的是美元的投资，在海外更加容易一些。这两个角度一类是市场，一类是对外潜在市场对这个事情的理解，这是我们对这个事情粗浅的看法。

**观众提问：** 我有两个问题：第一个，盈利模式，大家怎么看滴滴后期发展？第二个，在中国大环境情况下，我们都很清楚知识产权水分比例是非常高的，大学里研发技术和实际企业之间的脱节是相当严重的，我想听一下各位老师对这个是怎么看的。怎么做？不谈政府层面的，作为民营企业，或者致力于科技转化、在产学研上做一些贡献的年轻人，我们应该具体做一些什么样的内容，更有利于为国家做一些小小的贡献？谢谢。

**丁　健：** 第一个问题，因为我是滴滴投资人，我直接回答。商业模式上讲是比较清晰的，当它的市场份额占到相当大以后，可以很快地延伸到其他领域，而且变现能力非常强。滴滴在中国，Uber 在国外，从 Uber 来看，它进入其他领域的速度和模式都是很强大的，一个是它掌握的出行本身，出行这个行业延伸得很快，比如最近它投资了自行车领域。另外，将来无人汽车出现以后，他们在这方面也会有更多的机会。另外一点，它拥有了司机和车，在物流领域，包括快递这些领域都会有很多潜在的可能性，国外已经证明这方面的模式是很有效的。

**黄晓庆：** 第二个问题我来说，知识产权里有多少水分？首先，知识产权以专利的形式出现就没有多少水分，这个专利经过一定的尽职调查，它确实有商业价值，这个水分就很少，所以你做知识产权转移的时候，以专利作为主要的诉求我觉得是比较重要的手段。第二个，有特殊的配方或者特殊的算法，如果没有专利的保护，你的竞争对手很有可能会复制你，很多时候是你不想申请专利，怕别人知道，这种情况下你可能需要有一定的第三方认证。要说现在我们知识产权是不是有水分，从宏观的角度来说，我们中国的知识产权没有水分，而且它是低价的，原因是在中国目前知识产权诉讼很难获得比较好的保护，如果在中国有一个知识产权的诉讼赔了 10 亿元，这种情况下知识产权价格和知识产权保护一下子会升高。我在中国移动工作时，在知识产权领域做了不少工作，跟国家知识产权局有很多交流，中国在这一块儿不断加强，我们从一个发展型国家变成创新型国家，关键的一点是要成为真正保护知识产权的国家，如果我们不保护知识产权就很难成为一个创新型国家，未来我很看好这个领域。

**丁　健：**我们再次以热烈掌声感谢主旨演讲者和台上嘉宾今天给我们做的精彩演讲。谢谢！

丁健、陈大同、方方、
黄晓庆、山世光、王淮
理解未来第22期
2016年10月15日

# 第四篇

## 大数据驱动下的变革

随着物联网（Internet of Things，IoT）的开启、数据的大爆发，2016年我们真正步入了大数据时代。未来，整个城市从智能交通到能源管理，从政府财政到医疗体系、工商系统，都将产生一系列的变革。而商业的营销模式、未来创业的发展方向又将受到怎样的影响？大数据究竟可以用来做什么？是一种新的数据处理方法，还是商业运营中更加科学、智能的一种体现？

## 苏　中 | IBM中国研究院总监

2002 年获得清华大学计算机系博士学位后加入 IBM。在 IBM 中国研究院先后参与了文本分析、企业搜索、元数据管理、数据集成、社会化计算及信息可视化等方面的研究。所领导的多项技术研发成果被 IBM 软件产品采用，并在国际以及国内的多次技术评估中得到第一名，也因此数次获得 IBM 全球研究技术成就奖，在 2008 年、2010 年及 2014 年获得 IBM 全球研究杰出技术成就奖。2007 年被评为 IBM 发明大师，担任研究院专利评审委员会主席。迄今为止已经在国际顶级会议及期刊发表学术论文 60 余篇，拥有 50 余项发明专利及专利申请。目前兼任南开大学兼职教授，上海交通大学 APEX 实验室客座教授，IBM 大中华区技术专家委员会主席。

# 商业多模态数据分析

很有幸来到京东，大数据、人工智能的话题是很热的，处在一个非常好的时代。邢波老师刚才有讲经过两个冬天，现在开始回暖了。我不觉得是回暖，现在应该是盛夏。为什么这么讲？我太太在家相夫教子很多年了，不出江湖，前两天问我蒙特卡罗树是什么，那么优美的名字，我说你下一个问题是不是卷积神经网是什么？所以说，我们看到，类似于人工智能到底会不会真正取代人类？你的工作会不会被机器人取代？很多这样的话题都很有意思地发生了。

IBM 研究部门一直在做很多技术思考，我们很大的任务是给公司指引方向，这个公司有 100 多年，跟清华大学是同一年诞生的。活 100

年的公司很少，活 100 年的科技公司更少。IBM 早期做过秤、打卡机、计算机，现在做认知计算，我们研究部门的很大任务是要看未来技术的发展、产业的发展怎么改变这个世界。

IBM 有一个全球技术研究部门，和我们的客户还有很多业务部门一起，每年都不停地更新。它有一个伟大的梦想，一开始是要看到 10 年以后技术走得怎么样，这是很可怕的事情，我如果没有记错的话，IBM 进入 IT 时代时很伟大的创始人叫沃森，这个人很厉害，他把 IBM 带到新的航道。

当时计算机造出来的时候，可能只用于人口普查方面的任务，当时他说："我觉得世界上将来只需要几台这样的机器就够了。"因为他想不到计算机将来有一天进入家庭。现在我们每个人手上戴的手表也是一个计算机。虽然他是一个很睿智、很好的企业家，是一个令人尊敬的人，但是做"未来的预测"永远是危险的。

联想到十多年前，我一个同学说："附近刚开的楼盘离公司很近，可以考虑买这个房子自己住或者租给别人住。"我说："上地这个地方，荒郊野外，6000 块钱，这不是抢钱吗？"所以不管是什么方面的预测，都是很危险的，10 年的预测是更危险的一件事情。

但是，即便你预测错，做技术的预测有什么好处呢？就像研究部门也在对预测不断地修正，这是过去几年的话题，从 2012 年到 2015 年，我不知道"大数据"这个词是谁提出来的，是很没意思的词。2012 年的时候，在我们研究部门已经看大数据，很多人讲大数据"四个 V"，就是在那个时候想到很多数据可以用，但用的时候遇到很多挑战，到 2013 年就会讲很多数据从哪来？一个是人产生的，为什么产生那么多数据呢？因为移动带来的，今天在座很多人发微信，发一条微信就产生一条数据。还有一个就是传感器，这个楼里可能有很多温度、湿度等传感器，各种摄像头，就像一个智能建筑，它不断地产生数据，这些数据带来什么呢？它可能帮你的企业提供更好的决策。

我想讲去年，我们的题目每年都有四五个，IBM 是什么都做，硬件、软件、服务都做，去年只有一个题目，就是数据。在这一轮的 AI，深度神经网也不是今天提到的，很多算法十几年前不运行，今天就运行了，为什么呢？其实两个因素在推动：一个是计算能力比以前强了，很多种算法可以做各种各样的优化；另外一点，就是数据，各种标注的、非标注的海量数据可以帮助你的算法。数据本身带来了一个很大的变化。回过头来讲人工智能，是不是真的可以改变世界、改变人类？我自己的看法是这样的，人类认识物理世界的时候其实是很伟大的。很多国家在一起，在构建很大型的对撞机，看物质的原理构成是什么，来理解我们的世界，知道宇宙历史是怎么发展的，我们对物理的认识已经到了很精细的程度。

我们讲人工智能，智能是什么呢？它是我们生物体脑的部分在做的一件事情。有两个难以逾越的障碍：第一个，生命是怎么起源的？

我们知道物质是怎么回事，宇宙是怎么起源的。很多人做了各种各样的设想，但是没有一个人在实验室里把它重现出来，就算是重现一个最基本的氨基酸都是很困难的。第二个，脑是怎么工作的？思维是怎么产生的？这是更可怕的一件事情，很多物理学家开始研究这个的时候，我们就说他已经疯了。我们现在很多大数据、智能的算法，其实无外乎就是在数学上用一些回归的方法,用一些模式识别分类的方法，把它呈现出来。就像拿一个放大镜观察原子是怎么回事，很难想到达到真正的智能。我今天再讲一下多模态数据，数据产生了，我们有各种各样的算法来解决这些数据、分析这些数据，AlphaGo 可以去学习人类专业选手的对局，学习评价函数，看看下一步走哪儿。但是，数据本身是多种多样的，举个简单的例子，大数据、智能技术可以用在很多方面，比如让我们活得更好、更健康，这是一个数据，是什么样的数据呢？人生老病死，健康状况是由什么决定的？很多人说，我是先天不足，从小就瘦，或者我妈就是老胃病，我也是胃病。但是通过数据发现，人的健康状况只有 30%由基因决定，而 60%或者更多一点儿由生活方式决定。从这个角度来看，如果想让人活得更健康，或者提供更好的治疗，只关注 30%的数据是不可以的，回过头来发现 30%在数据上不是这么回事，在数据上人的基因数据大概 6 太字节（TB），这个数据量很大了，可是我们每天生活的数据后面多两个零，这样的数据影响了很多点。为什么要讲多模态呢？我们很多数据是以各种各样形式发生的，比如说医院的电子病例是医生用 Word 写的，里面写的基本上是机器看不太懂，普通人也看不懂的内容。各种各样的检测手法，去查个血，会产生结构化的数据，描述一个人现在的状况，是血脂高还是血脂低。有这样的数据，如果考虑时间的变化肯定是持续的数据。我们有时候还会去做核磁扫描，这是图像数据，这部分数据又不是计算机擅长处理的，也就是识图。就像人一样，一扫可以知道屋里有多少人，或是之前在网上见过某个人，然后再见到就可以在毫秒内认出来，但机器就很费时。再说行为数据，更纷繁复杂，今天在京东买了点东西，晚上又看了场演唱会，这是非常复杂的数据，没有一种办法、一个工具把所有的数据都分析好。更加具有挑战的是，这些数据是关联的，也许这个人因为抽烟所以气管经常有毛病，或者从美国来到北京环境发生变化而不适应。为什么讲多模态数据的分析是很难解的问题？第一，这些数据因为模态的原因，结构化数据分析比较容易，非结构化数据分析比较难；第二，这些数据之间有关联。有问题它就有机会、有价值，所以我们看到很多企业、公司、机构都在往这方面做。

回到人工智能，邢波教授说到社会舆论中有很多种说法，看到机器人下围棋，我只会看不会下，我知道很难。人生哲学、经历、大局观、计算都在里头，对计算机来说几乎是很难穷尽的一个场景。这样一个任务，被机器给解决了，好像是机器迈过了一个很大的坎。我们内部讨论，其实这没有什么，在机器开始能够下跳棋，也就是人工智能提出时的著名会议——“达特茅斯会议”上有一个参会者，IBMer Arthur Samuel，他当时在 IBM701 的机器上把西洋跳棋程序实现了，打败了美国的州冠军， IBM 股票涨了百分之十几。大家惊奇，怎么做打卡计算的机器突然之间有智能了？当时人们也是无限憧憬。

20 世纪六七十年代发生的事情和今天发生的事情从技术角度讲其实没有本质的区别。1997 年 IBM 深蓝下国际象棋，打败卡斯帕罗夫，说明了机器下棋确实比人下得好。但从另外一个角度说，它只能处理这样的数据，就像是让深蓝机器干其他的事情也很困难。我相信，像这样的方法其他行业会用，它解决了在一个很窄的领域里一种数据的分析，而且做得很好。这不意味着现实当中，拿一个很简单的健康问题为例，各种各样的数据，你都要处理得很好，这是技术还没有达到的。换一个角度讲，中国人的哲学思想，中国人吃饭就是一双筷子，我们吃油条是用它，吃西餐也是用它，包括汤圆都能夹起来，这样通用的工具是我们需要的，解决所有广谱的问题，才是真正很重要的事情。同时，对通用的工具有很好的建模，从这个角度讲，技术还有很长的路要走。今天这样一个场合，大数据时代，这么火热的环境里头，盛夏既然到来了，秋天就不远了，我们还是要找到实际的、可以用的、能够解决真实应用的场景，来解决实际的问题，就好像给我们提供更好的个性化推荐，这样可以帮助技术走得更远，让我们人工智能不再进入第三个冬天。谢谢。

苏　中

理解未来第 14 期

2016 年 3 月 19 日

# 第五篇

## 颠覆性科研与创新

特斯拉的马斯克、阿里的马云、Uber的卡兰尼克……他们是世界的颠覆者，也是时代的梦想家。重商主义的大旗已经倾倒，互联网上腾空出世的“坏小子”们主张“无颠覆不创新”“破坏也是创新”；而传统产业的“大哥”们坚守要“持续性创新”，要“为价值创新”。什么是真正的“颠覆性创新”？何处才是平庸与伟大的一步之遥？李凯老师和未来论坛“青年行动小组”代表与清华学子一起探讨颠覆与创新的逻辑。

## 李 凯

普林斯顿大学Paul & Marcia Wythes讲席教授
美国国家工程院院士
中国工程院外籍院士
未来科学大奖科学委员会委员

普林斯顿大学 Paul & Marcia Wythes 讲席教授，自 1986 年一直都是该系的成员。从耶鲁大学获得博士学位，从中国科学院获得硕士学位，从吉林大学获得理学学士学位。研究领域包括操作系统、并行和分布式系统、存储系统和大数据分析。开创了分布式共享内存(DSM)，允许计算机集群上共享内存编程，2012 年获得 ACM SIGOPS 名人堂奖。建议采用用户级 DMA 机制以达到高效集群通信，探究了无限宽带技术的 RDMA 标准。与李飞飞教授共同指导ImageNet 项目，建立了最大的计算机视觉知识库，推动了深度学习，使之成为机器学习中最活跃的研究领域。还创办了 Data Domain 公司，开创了重复数据删除存储系统的产品线来取代数据中心的磁带库，该产品线一直占有市场的60%以上。公司于 2007 年上市，后被 EMC 并购。被选为 ACM 院士、 IEEE 院士及美国国家工程院院士。

## 颠覆性科研与创新

未来论坛的人建议我讲一讲跟颠覆性科研与创新有关的事情，我就想讲两个例子，第一个，我认为做科研的时候什么起颠覆性的作用，我们当时怎么想的，具体做了什么。再讲一下，做创新的时候，我是怎么想、怎么做的。

首先，我想讲一下我对于科研是怎么认识的。我很同意 Geoffrey Nicolson 的定义，他说科研是把金钱转换成知识的一个过程，创新是把知识转换成金钱的过程。这两个过程是不同的，目的也是不同的，做科研不是把钱转换成钱，创新的目的也不是把钱转换成知识。

我先介绍一下我对颠覆性是怎么认识的。首先颠覆性这个词在中文中某种程度上有可能是贬义词。做科研颠覆是怎么样呢？颠覆性科研是要把以前的在某个领域里面的科研成果替换掉。哪一类科研我认为是颠覆性科研？在我做的科研领域里面，最近的，我想举一个例子，我们以前做了 ImageNet，下面这张照片中有一个小孩，他是我同事的孩子，才两岁多，就去动物园看大象。小孩从生下来开始，我们要训练和教他，他会看很多东西，如果一个小孩一天看 8 小时不同的东西，用计算机视觉来讲，他有可能一年就要看上亿张图片，他两三岁以后就可以开始对看见的东西有认识，可能知道看到的是什么东西。人看东西的时候是通过眼睛，然后眼睛由神经网络传到大脑，大脑中有一个视觉皮层。虽然眼睛是看东西的主要工具，但是真正工作的是大脑，并不是眼睛。

有很多人认为计算机是电子的脑袋，你给计算机一些输入，它就给你一些输出，问题是这里面怎么运算？如果教计算机来认识图像的话，是不是和教小孩类似呢？比如说一只狗，最原始要识别这个图像里面是什么东西的话，这个图像是由像素构成的，每个像素有不同的

颜色。最原始的办法是把形状记录下来，比如说把狗的形状输入到计算机里面，计算机记录下这种形状就是狗。但是狗还有不同的形状，比如说另外一只小狗它的形状就不一样，你再给它做一个形状，计算机需要再记录下来新的形状，有很多不同的狗，很简单地就可以列出一大堆不同的狗，你到底需要给计算机输入多少狗的形状，计算机才能认识狗，不会把一只猫也认成是狗？当时会产生这种想法，如果我们教计算机来认识任何一件东西，需要让计算机看很多不同的图像，那么当时到底需要记录哪些东西？到底需要让计算机看多少图像？这就是一个问题。如果是一个小孩，他有可能看很多很多图像，到 3 岁左右才认识比较多的东西。现在计算机的能力有可能在某种程度上还不如小孩，小孩除了认识东西，比如说能辨别出狗，他还能够说出狗在什么地方，跟这只狗有什么关系，这只狗是否高兴等，计算机现在还差很多，计算机现在能够达到的还是初期的程度。

当时我有一个同事，在普林斯顿大学我们经常谈这个事情。教计算机识别图像必须有大量图像给计算机，当时我们就在讨论做一个项目叫 ImgeNet，当时做的时候不需要脑袋挂一个照相机，不需要等几年累积起来以后教计算机，我们当时雇了 5 万个工人，这些人在 167 个国家，我们搜集了大概 10 亿张图片，最后处理出来很多图像，现在有 1400 多万张图片，有 21800 多个类型，主要目的是推动整个领域发展，在网上任何人都可以用我们做出来的数据。现在网站第一页是下图这样子，这些不同的图片，实际上每一个类型是有关系的，比如说狗是动物，就跟其他动物之间有联系，工作狗是狗的一种，就跟狗有网络的联系。因为有这些，除了知道哪一个东西是什么，而且知道这些东西之间的关系，这个数据集不光对于识别什么东西有作用，对于语意方面也有作用。2007 年开始做，2009 年开始让大家用，我们有 10000 个类型的时候做了实验，针对以前比较出名的，对于识别东西的类型，知道图片里面是什么的一些算法，发现如果加到 10000 个类

IMAGENET

14,197,122 images, 21841 synsets indexed

Explore Download Challenges Publications CoolStuff About

Not logged in. Login I Signup

**ImageNet** is an image database organized according to the **WordNet** hierarchy (currently only the nouns), in which each node of the hierarchy is depicted by hundreds and thousands of images. Currently we have an average of over five hundred images per node. We hope ImageNet will become a useful resource for researchers, educators, students and all of you who share our passion for pictures.
Click here to learn more about ImageNet, Click here to join the ImageNet mailing list.

What do these images have in common? *Find out!*

Check out the ImageNet Challenge 2015!
We're running an ILSVRC tutorial at CVPR!

IMAGENET SEARCH Home Explore About Download
14,197,122 images, 21841 synsets indexed

Not logged in. Login I Signup

## Working dog

Any of several breeds of usually large powerful dogs bred to work as draft animals and guard and guide dogs

1340 pictures 86.62% Popularity Percentile

型，精确度就会降到 6%，以前这些算法就对于多类型大数据不起作用，也就是说，很多年来大家做的科研结果都不一定起作用，但是这个数据集能够起作用。有的时候颠覆不是用一种办法，这个时候是用数据集来颠覆。

除此以外，每年给学生举行竞赛，2012 年的时候发现有一个组比别的组做得好很多，精确度是 85%，这是很高的了，刚才看是 5%到 7%，现在已经做到 85%。精确度是 5 个里面只有一个对的就算精确，跟原来还不大一样。结果就发现这一个组做的就像脑神经一样，把数据直接输入，用不同的多个层次的神经互相连在一起，最后推算出来就可以学出图像的结构，发现这种办法对于大数据的数据集是非常起作用的。结果 2012 年的时候，Google 马上做这种产品。现在精确度已经到了 93%，目标定位（Object Localization）已经到了 74%，目标检测（Object Detection）已经到了 63%，数据集在这个领域起到一种推动的作用，使大家重新考虑到底应该用什么算法。

如果总结来说，做有颠覆性的这种工作当然过后很满足，看到很多人发现新的方法，有新的知识，推动整个领域往前走。实际上也是冒很多险，首先我们当时没有政府的资助，很多人认为你投资应该投在算法上，不应该投在数据集上，也就相当于你给学生考试，看他是否能解决一些问题，通过这个来说明你教学的办法是好还是不好。大的数据集就相当于给学生教一个学期的课，各种不同的课，然后再来学习哪一个教学方法是好还是不好，在整体上是有很大不同的。

下一个例子，颠覆性的创新，这个名词是 Christensen 最早提出来的，最简单的办法是把产品和服务放在市场最底层开始，然后可以代替已经有的这些产品，起这种代替作用所以叫颠覆性。他的一本书 *The Innovators Dilemma* 提到，一开始颠覆性技术比用途还要低，但是很短时间内穿越到要求最高的用途里面，因为可以穿越所有用途，可以起代替的作用，所以成为这个产品领域里面做得最好的。

当时邓锋讲我做过数据域（Data Domain），我先讲一下为什么做，是颠覆什么。20 世纪 80 年代左右有录音带，是录音乐的磁带。但是在 2000 年左右就被 iPod 颠覆了，这属于颠覆性的例子。再看一个例子，VCR，1975 年开始做出来，也是 2000 年被颠覆。1965 年的时候数据的磁带做出来了，2000 年左右，我们想代替这个磁带的到底是什么？能不能把这一类代替掉？能不能把这个颠覆掉？当时我们想要做一个系统，这个系统能够把它代替掉。做什么呢？在数据中心是这样子的，你有一些数据，有存储器，存储器在存，你还有备份，备份的数据比主存存储器的数据多多了，备份 3 个月的数据比原来存储器多出 20 倍。这些数据一般放在磁带库，磁带库把磁带弄出去送到远程，如果有灾害，数据会被保护起来。有很多信息说明在传输过程中数据库丢失。我们当时想象的就是要做一个小的系统，相当于 iPod 把数据压缩，然后用网络传输，这种情况的要求是什么呢？看一下当时的趋势，其实现在的趋势还是这样的，每一美元能买多少存储，磁盘总是比磁带贵，如果做一个颠覆性产品，你就必须把数据缩得很小。当时算了一下要想达到80%的毛利，就必须在最上边这条曲线，必须要把数据压缩到15倍以上才能够做这件事情。可是一般的压缩工具，比如在你手提电脑里的压缩工具WinRAR，也就是压缩2到3倍，怎么压到15倍呢？必须有别的办法。我们当时的想法是这样的：你一定

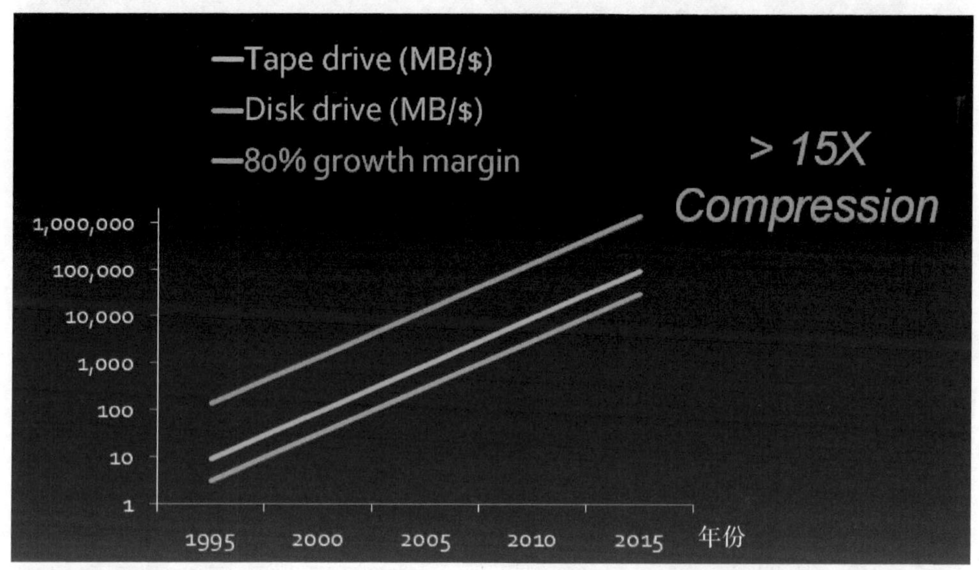


得跟这个完全不同，一般的压缩只是压出很小的数据块，在很小的数据块找重复的信息，如果你在整个磁盘或者整个存储器、整个网络存储里面来找重复信息就会很多，问题就是用怎么快速的办法来找，这是当时主要的想法。有了这个想法以后，还有一个问题，你要做这个产品首先数据增长率跟摩尔定律相通，也就是每5年增加10倍，可是每天的时间是24小时，那你怎么办？这就是说，压缩的吞吐量速度必须跟数据增长率是一样的，你不断继续做这件事情。怎么能够跟摩尔定律曲线一样？2001年的时候，计算机主机芯片的速度虽然还提高，但基本上就走直线了，当时在两三年之前我们就预测出将来是多核（Multicores），如果增加吞吐量我们必须用并行计算也就是

Multicores，所以我们决定用 Multicores。还有一个挑战，下图红色曲线是数据增长率，按照摩尔定律来的，黄色曲线是本地网络带宽的增加，它是每 10 年增加 10 倍，数据增长率是每 5 年增加 10 倍，所以区间越来越大。要想做这件产品，不光是本地把数据压缩存进去以后可

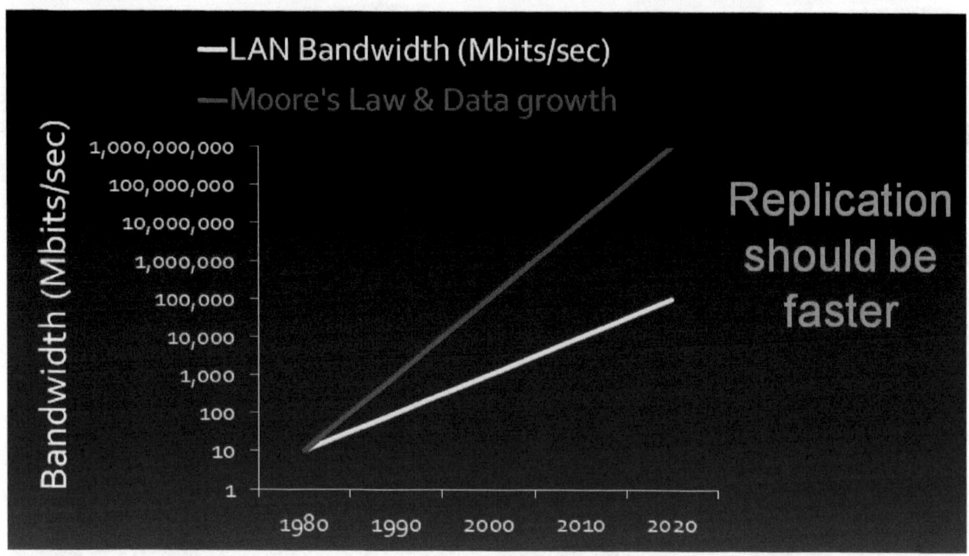


以恢复，还得稳定，以前传输是用车，如果用互联网来传，我们当时相信必须用互联网，要用云计算的办法来做。你必须解决这个问题，也就是说，数据从一个地方挪到另一个地方，还需要压缩得更多。产品线做出来的时候，本地压缩率可以达到 30 倍，超过了当时计算的 15 倍，远地能达到 50 到 60 倍。最开始颠覆性的特点是能够从第一性能穿越到高性能，如果看我们的情况，我们确实也有这个图，磁带库一直往前走，我们使用 Multicores，吞吐量 6 年增长了 100 倍。如果看一下总产值和吞吐量之间的关系基本上是类似的。如果是 17 个大的 IBM 的磁带库，换成我们这种产品是 3 个小的系统，就有了这样一个概念：可以压缩多少，可以省多少电、省多少功率。公司从 2001 年 10 月成立，上市是 2007 年，总产值一直是往上走，2005 年左右的时候形成新的产品类型，之后产品线一直占产品类型市场的 60%以

上，现在一般毛利区间是72%到78%，去年又提高了，变成了82%。

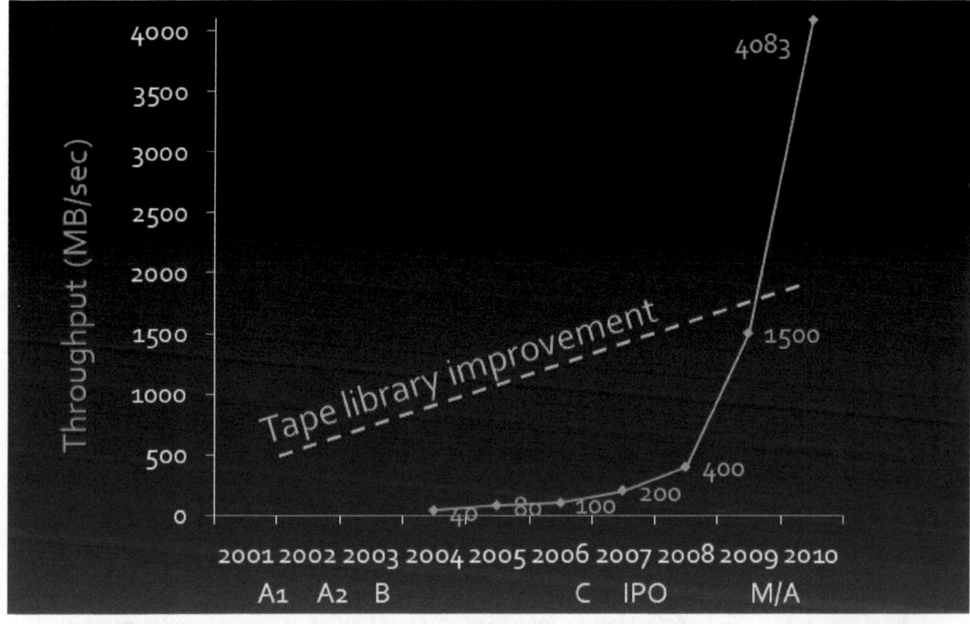


我再说一件事情，要办这种颠覆性的公司不是一件很容易的事情。首先你要说服大家用你的新产品，市场推进这件事情不是所有人都能做的，我把这个数据给大家共享一下，黄色曲线是总产值，数据到2010年是15亿美元，绿色曲线是我在这个公司花的时间，最开始

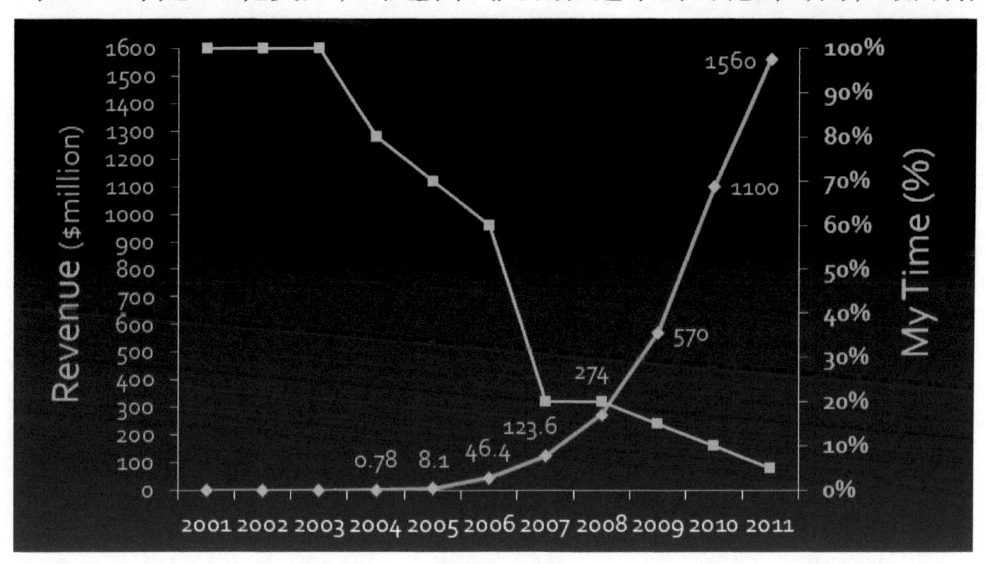

我花百分之百的时间没有产值，我花的时间越少产值越高，这证明什么呢？证明不是所有人什么事都可以做，我在走向市场方面是没有优势的。你要办成一个公司不光要有技术，还要能设计出好的产品，需要有各种不同的人都能够在颠覆性产品后面往前推动。

如果让我总结一下，大概可以说四点：第一，必须有最好的人。最好的人不光是搞技术的、做产品的，也需要有最好的懂市场、懂客户、懂怎么样把产品推向市场、用什么商业模式的人，这必须都做得最好。第二，必须对市场有非常深刻的了解，你知道要解决什么问题这些客户才愿意出钱。第三，你必须跟技术主流趋势是一致的，我们当时大概有几点跟趋势是相同的。一是代替磁带这件事情跟主流趋势是相同的，别的领域已经代替磁带，我们只不过在另外一个领域代替磁带；二是我们跟计算机主机 Multicores 趋势是一致的，跟云计算是一致的。第四，你要想成功颠覆，有可能需要建立一个新的产品类，在一个很大的市场很难变成第一，如果你能够形成新的小市场，才有可能成为第一。

李　凯

理解未来第 7 期

2015 年 5 月 30 日

# 后　记>>>

2015 年 1 月 20 日，未来论坛创立。

此时的中国，已实现数十年经济高速发展，资本与产业的力量充分彰显，作为人类社会发展最重要驱动力的科学则退居一隅，为多数人所淡忘。

每个时代都有一些人，目光长远，为未来寻找答案。中国亟须“推崇科学精神，倡导科学方法，变革科学教育，推动产学研融合”，几十位科学家、教育家、企业家为这个共识走在一处。“先行其言而后从之”，在筹建未来论坛科学公益平台的过程中，这些做过大事的人先从一件小事做起，打开了科学认知的入口，这就是“理解未来”科普公益讲座。

最初的“理解未来”讲座，规模不过百余人，场地很多时候靠的是“免费支持”，主讲人更是“公益奉献”。即便如此，一位位享誉世界的科学家仍是欣然登上讲台，向热爱科学的人们无私分享着他们珍贵的科学洞见与发现。

我们感激“理解未来”讲台上每一位“布道者”的奉献，每月举办一期，至今已有四十二期，主题覆盖物理、数学、生命科学、人工智能等多个学科领域，场场带给听众们精彩纷呈的高水准科普讲座。三年来，线上线下累积了数千万粉丝，从懵懂的孩童到青少年学生，从科学工作者到科技爱好者，现在每期“理解未来”讲座，现场听众 400 多人，线上参与者均在 40 万人以上。2017 年 10 月举行的 2017

未来科学大奖颁奖典礼暨未来论坛年会，迎来了逾 2500 名观众，其中近半是“理解未来”的忠实粉丝，每每看到如此多的中国人对科学饱含热情，就看到了中国的未来和希望。如果说未来论坛的创立初心是千里的遥程，“理解未来”讲座便是坚实的跬步。

今天，未来论坛将“理解未来”三年共三十六期的讲座内容结集出版，即如积小流而成的“智识”江海。无论捧起这套丛书的读者是否听过“理解未来”讲座，我们都愿您获得新的启迪与认识，感受到科学的理性之光。

最后，我要感谢政府、各界媒体以及一路支持未来论坛科学公益事业的企业、机构和社会各界人士，感谢未来科学大奖科学委员会委员、未来科学大奖捐赠人，未来论坛理事、机构理事、青年理事、青创联盟成员，以及所有参与到未来论坛活动中的科学家、企业家和我们的忠实粉丝们。

未来论坛发起人兼秘书长

武　红

2018 年 7 月